国家自然科学基金–浙江两化融合联合基金项目（编号：U1609203）、国家自然科学基金（编号：71874091）、浙江省自然科学基金（编号：LY17G030011）、浙江省社科基金（编号：16JDGH005）

海岸带综合管控与湾区经济发展研究——宁波案例

李加林　马仁锋　龚虹波　著

海洋出版社
2019年·北京

内容提要

全球范围内对海岸带和海湾地区的高强度、大规模开发利用，使得海岸带与海湾地区面临资源日渐枯竭、环境持续恶化的潜在风险，严重威胁海岸带与海湾地区的可持续发展。本书以宁波海岸带与海湾为例，识别海岸带利用矛盾与管理的困境，筹谋海岸带多规融合战略方案及其管理体制支撑体系；基于国际湾区经济成长规律和宁波湾区资源环境利用问题的梳理，定量刻画了宁波三湾经济的国家战略响应，提出宁波湾区经济发展的战略关键、战略重点与推进策略。全书系统分析了宁波海岸带与湾区经济发展的治理问题，提出了多规融合视域宁波海岸带综合规划及其管理支撑方案和湾区经济发展方向，既明晰了宁波海岸带与湾区经济治理变革的方向，又探索了宁波海岸带与湾区经济可持续发展的实践路径。

本书可供海洋经济学、人文—经济地理学、城乡规划学等领域的研究者借鉴，又可为海洋渔业、海事、土地资源、城市规划等政府职能部门提供决策参考。

图书在版编目（CIP）数据

海岸带综合管控与湾区经济发展研究：宁波案例/李加林，马仁锋，龚虹波著. —北京：海洋出版社，2019. 2

ISBN 978-7-5210-0217-1

Ⅰ. ①海… Ⅱ. ①李… ②马… ③龚… Ⅲ. ①海岸带-综合管理-研究②沿海经济-区域经济发展-研究-宁波 Ⅳ. ①P748②F127. 553

中国版本图书馆 CIP 数据核字（2018）第 235625 号

责任编辑：赵　武　黄新峰
责任印制：赵麟苏

海洋出版社　出版发行

http：//www. oceanpress. com. cn
北京市海淀区大慧寺路 8 号　邮编：100081
北京朝阳印刷厂有限责任公司印刷　　新华书店发行所经销
2019 年 2 月第 1 版　2019 年 2 月北京第 1 次印刷
开本：787 mm×1092 mm　1/16　印张：12. 5
字数：220 千字　定价：68. 00 元
发行部：62132549　邮购部：68038093　总编室：62114335

前　言

近几十年来，海岸带与海湾开发利用给沿海地区发展带来了巨大的经济效益，但同时也产生了不容忽视的社会、环境等问题。人类在开发海岸带与海湾资源过程中，由于对自然压力、社会压力、经济压力引起的海岸带与海湾生态环境变化驱动机制认识不清，过度的开发利用活动破坏了海岸带与海湾生态环境，造成海岸带与海湾生态系统自我调节能力和生态服务功能下降。此外，由于缺乏集海岸带、海湾区域为一体的资源开发利用总体规划和合理保护措施，我国海岸带与海湾地区的交通运输、围海造地、临海工业的快速发展以及海岸带与海湾的高强度城镇化建设，对海岸带与海湾滨海地带及其生态环境的不利影响也日益凸显。宁波市陆域总面积9 816 平方千米，海域总面积为 8 232.9 平方千米，岸线总长为1 594.4 千米，约占全省海岸线的 24%；全市共有大小岛屿 614 个，面积 262.9 平方千米。得天独厚的岸线、港口、渔业、旅游、滩涂、油气等海洋资源组合优势显著，为发展海洋产业、湾区经济、滨海特色城镇提供了优越的区位条件和丰富的岸线、海湾资源保证。近年来，宁波海洋经济综合实力不断增强，海洋产业结构不断优化，全市海洋经济总产值在全国同类城市位序快速提升。在宁波社会经济取得较大收益的同时，经济发展与资源环境的矛盾日益明显，特别是陆域资源要素的制约使得宁波发展空间受到严重束缚。因此，立足市情，在用好用足陆域资源的同时，海洋资源，特别是海岸带与海湾资源将成为宁波发展的重要战略空间。宁波拥有杭州湾、象山港与宁波三门湾 3 大海湾资源和 870 平方千米滩涂资源，如何进行海岸带滩涂与湾区资源的合理开发利用，服务于国家“一带一路”建设、浙江海洋经济示范区建设、东方名港名都和港口经济圈建设，对促进宁波市新的经济增长点的形成和经济转型升级具有重要意义。

全书聚焦宁波海岸带利用综合管控与湾区经济发展治理，共分四部分11章：第一部分（第1章）阐述研究缘起和技术思路；第二部分（第2~5章）系统厘清宁波海岸带范围、开发利用现状及管理困境、多规融合背景下宁波海岸带利用战略及其管理体制响应；第三部分（第6~10章）梳理国际湾区发展得失，诊断宁波湾区经济发展的本底条件和国家战略导控影响，提出宁波湾区经济发展的行动路径与战略关键；第四部分（第11章）为展望宁波2049发展战略中海岸带与湾区经济的前瞻性议题与重点功能提升建议。

本研究设计最初源于宁波大学地理与空间信息技术系李加林教授、马仁锋副教授研究团队承担的宁波市发展和改革委员会2016年宁波市海洋经济工作专项与决策咨询项目，本书在国家自然科学基金-浙江两化融合联合基金项目“基于多源/多时相异质影像集成的滨海湿地演化遥感监测技术与应用研究”（编号：U1609203）、国家自然科学基金“治理网络对海湾环境治理绩效的影响机制及制度重构——以美国坦帕湾和中国象山港为例”（编号：71874091）、浙江省自然科学基金“水资源管理政策网络的类型、影响因素和运作机制”（编号：LY17G030011）、浙江省社科基金（编号：16JDGH005）资助下得以修订、完善、付梓。本书由李加林负责提纲拟定、撰写与统稿等工作，负责第1、2、3、6、7、8章写作，马仁锋全程参与项目研究和本书稿的第4、5、9、10、11章撰写工作，龚虹波参与第6、7、8章写作，杨阳、周宇、姜忆湄、叶梦姚参与部分章节的撰写工作。作者感谢书稿前期研究过程中宁波市发展和改革委员会给予的协调、指导，感谢厦门市发展和改革委员会、厦门市海洋与渔业局、海南省发展和改革委员会在2016年7月给予项目团队海岸带管理实地调研的帮助。感谢书稿成稿期，宁波大学地理与空间信息技术系的同仁和人文地理学硕士研究生史作琦、冯佰香、刘永超、吴丹丹、窦思敏、候勃、田鹏、王丽佳等的帮助。

海岸带与海湾地区是中国沿海地区社会经济转型发展的重要战略空间，是中国蓝色经济的希望所在。海岸带和湾区的资源环境—经济结构—空间治理的“三位一体”体系，事关中国海洋战略和“一带一路”倡议的实施，事关国家国土资源环境可持续发展目标的实现，事关中国能否建设美丽家园，希望本研究起到抛砖引玉的作用。

作者

2019 年 1 月

目　录

1 绪 论

1.1 研究背景

海岸带地处海洋与陆地两大生态系统的交界地带，是地球表面生态脆弱的敏感地带，是海岸动力与沿岸陆地相互作用、具有海陆过渡特点的独特环境体系。由于海岸带自然要素和生态过程的复杂性，海岸带成为一个既有别于一般陆地生态系统，又不同于典型海洋生态系统的独特生态系统。海岸带又因其丰富的自然资源、特殊的环境条件和良好的地理位置成为区位优势最明显、生产活动与经济活动最活跃的地带。同时，它也是鱼类、贝类、鸟类及哺乳类动物的重要栖息地，为大量生物种群的生存、繁衍提供必需的物质与能量。海岸带得天独厚的资源与区位优势，使得其成为人类的起源地之一。7 000 多年前，河姆渡先民就生活在海岸带地区，并造船制桨下海。随着社会经济和科学技术的不断进步和发展，海洋资源的开发利用逐渐受到沿海国家和地区的普遍重视。海岸带区域也逐渐发展成为人口稠密、经济发达、开发强度不断增加的活跃区域，成为社会经济持续增长的繁荣地带。沿海国家与地区因势利导，凭借独特的环境资源优势，将海岸带开发提升为重要的发展战略，并因地制宜，利用海岸带的不同优势、特点制定相适宜的土地利用开发模式。随着社会经济的发展，海岸带作为适合人类居住发展的理想区位其重要地位日益突显。当今社会，海岸带地区人口稠密、经济发达，全世界一半以上的人口生活在沿海大约 60 千米的范围内，海岸带已成为人类活动最为集中的地区。全世界 250 万以上人口的城市中有 2/3 位于潮汐河口附近。

中国大陆海岸线长达 1.8 万千米，加上岛屿岸线总长超过 3.2 万千米，是世界上海岸线最长的国家之一。大陆沿海 11 个省（市、区）的土地面积仅占全国总面积的 13.6%，但却拥有 41%的全国总人口。沿海不仅是城市化程度最高的区域，也是人口密度最大的地方。此外，沿海地区经济在我国国民经济发展当中占有举足轻重的地位，沿海地区集中了我国45%左右的国有资产和60%以上的全国社会总财富。近几十年来，我国海洋经济迅猛发展。《2015年中国海洋经济统计公报》显示，2015年全国海洋生产总值64 669亿元，比上年增长7.0%，海洋生产总值占国内生产总值的9.6%。海洋产业增加值38 991亿元，海洋相关产业增加值25 678亿元。海洋第一、第二、第三产业增加值占海洋生产总值的比重分别为5.1%、42.5%和52.4%。其中，长江三角洲地区海洋生产总值18 439亿元，占全国海洋生产总值的28.5%。对比往年的中国海洋经济统计报告，不难发现，中国的海洋经济在全国经济发展过程中所占比重正逐渐提高，海洋经济已成为国民经济发展中不可忽略的组成部分。

海岸带的开发利用，一方面，大量人口定居导致居住、旅游、商业、工业、交通、娱乐和农业等活动对海岸带资源的激烈争夺，致使海岸带面临资源日渐枯竭和环境持续恶化的危险，严重威胁海岸带可持续发展。另一方面，海岸带复杂的开发活动和自然过程相互影响、相互制约，不合理开发与资源破坏往往形成负反馈效应，进一步加剧海岸带地区的生态危机。海岸带地区丰饶的资源和独特的区位使得其面临的环境风险往往大于其他地区。2005年发布的《新千年评估报告》中，通过对生境、气候、入侵物种、过度开发和污染五项因素的综合诊断，得出海岸带面临的环境压力居于全球各类生态系统之首。

从全球范围看，海岸带面临的问题主要包括以下几个方面：首先是海岸带地区可持续发展受到威胁。海岸带地区城镇建设用地的无序扩张和沿海地区自然资源的快速消耗，严重影响着海岸带地区的持续发展。其次是沿海地区城市生活环境的进一步恶化。由于人口和产业的高度集聚，全球相当一部分海岸带的生态环境已明显恶化，并反过来影响着沿海居民的生活品质与生命财产安全。第三个方面是土地资源利用冲突不断加大。海岸带开发活动往往伴随着耕地资源的不断减少，特别是城市化与工业化的快速发展，不仅造成海岸带耕地、湿地及其他土地资源的大量流失，并且与其他土地资源的利用本身也存在着严重冲突。第四则是海岸带生态环境不断恶化。海岸带生态环境恶化是全球沿海国家面临的核心问题，海岸带战略资源的衰退和流失令许多沿海国家的综合竞争力下降。海岸带生态环境恶化主要表现在沿岸陆地与水域污染程度不断加深，海洋及沿海地区生物资源与生物多样性不断减少，海域生态系统脆弱性不断增强。

由于海岸带较其他区域有十分明显的特殊性，传统的基于陆地或海洋的管理手段难以解决海岸带区域的资源冲突和各利益主体间的协调等相关问题，因此需要将沿海水域系统和沿海陆地系统纳入统一的管理规划中，将上述问题一并解决。因此，越来越多的国家和地区认识到海岸带综合规划与管理在海岸带开发、自然生境保护和资源利用冲突解决中的重要性。

海湾是非常宝贵的海洋资源。从国际上来看，很多海湾也在现代经济和社会活动中发挥着重要作用。例如，日本的东京湾不仅是东京、横滨等著名城市的发展依托，更演化为京滨工业地带的主要组成部分。美国切萨皮克湾分布有巴尔的摩和诺福克等大港，还包含诺福克和纽波特纽斯港口城市群，是美国重要的工商业中心。

海湾在我国经济建设和社会发展中的战略重要性不言而喻。由于海湾地处海陆接合部，非常容易受人类活动的影响，常出现海湾生态环境恶化、空间面积减少、泥沙淤积严重等生态环境问题，给沿海地区经济和社会的可持续发展带来严峻挑战。《中国海湾志》初步统计，我国海湾数量众多，面积在100平方千米以上者有50多个，面积10平方千米以上者有150多个，面积在5平方千米以上者近200个。我国著名海湾主要有渤海湾、辽东湾、莱州湾、胶州湾、象山港、厦门湾、大亚湾、湛江湾和海口湾等。自古以来，海湾就是人类开发利用的重要资源，人们在海湾中兴鱼盐之利，行舟楫之便，取得了巨大成绩。新中国成立，特别是改革开放以来，传统海湾开发项目得以兴起，且在新的时代背景下，许多新型湾区开发项目日益兴盛。概括来讲，我国海湾开发利用取得的成就主要包括：港口资源开发利用、水产资源的开发利用、土地资源的开发利用、旅游资源的开发利用、海水化学资源的开发利用以及矿产资源的开发利用等。

我国海湾自然条件优越，在国家现代经济建设和社会发展中有着无可替代的战略地位。海湾因优良的驻泊条件，成为海陆交通枢纽，如胶州湾的青岛港，厦门湾的厦门港，大亚湾的惠州港等。海湾也因其独特的区位和资源优势而成为临海工业基地，如大连湾的造船基地，大亚湾的南化石化基地和大亚湾核电站等。海湾拥有良好的地理位置、丰富的腹地资源和优美的自然环境，因此成为重要城市的孕育之地，典型城市如依托深圳湾、大鹏湾和大亚湾的深圳市、依托胶州湾的青岛市和依托厦门湾的厦门市。同时，海湾孕育丰富的生物饵料和相对封闭的自然条件，成为重要的海洋生物产卵场、育幼场和索饵场，是海洋经济生物的摇篮，如渤海湾、莱州湾、大亚湾等。此外，海湾具有风浪少的优点，也是重要的海水养殖区域，包括海域网箱养殖（如大亚湾、象山湾等）和陆域（滩涂围海）海水养殖（胶州湾、大亚湾等）。鉴于海湾如此重要的地位，维持海湾可持续发展是国家的一项重大战略。

近几十年来，海湾开发利用已给部分地区发展带来了巨大的经济效益，但同时也产生了不容忽视的社会、环境问题。在开发海湾资源的过程中，由于人类对自然压力、社会压力、经济压力引起的海湾生态环境变化驱动机制认识不足，过度的开发利用活动破坏了海湾原有的生态环境，造成海湾生态系统自我调节能力和生态服务功能下降。此外，由于缺乏集海湾、海域及其流域为一体的资源开发利用总体规划和合理保护措施，海湾海洋交通运输、围海造地、临海工业的快速发展以及海湾流域的高强度开发等因素，对海湾传统用海空间及其生态环境的不利影响日益凸显。

1.2 研究意义

宁波是浙江省的海洋大市，海域面积广阔，岛屿星罗棋布。宁波全市海域总面积为 8 232.9 平方千米，岸线总长为 1 594.4 千米，约占全省海岸线的 24%。全市共有大小岛屿 614 个，面积 262.9 平方千米。宁波拥有丰富的海洋资源，海岸带开发历史悠久。改革开放以来，宁波海岸带开发力度不断加大，海洋经济快速发展。1979 年国务院批准宁波港正式对外开放，1984 年将宁波列入全国沿海 14 个对外开放城市，并定位为华东地区重要的工业城市和对外贸易口岸。在党中央、国务院 1992 年召开的长江三角洲和沿江地区规划会议上，确定把宁波建设成为长江三角洲地区重化工业基地和长江三角洲地区南翼经济中心。2006 年宁波港和舟山港正式合并为宁波—舟山港，宁波—舟山港一体化战略的顺利实施，使沿海港口物流、战略物资储运优势得到了进一步发挥。2008 年国务院批准设立的宁波梅山保税港区，系中国第五个保税港区。同年，杭州湾跨海大桥通车，改变了阻碍宁波发展的交通末端状态，凸显了宁波在长江三角洲地区的区位优势，优化了沿海区域开发布局，进一步加速了宁波扩大开放进程。2009 年连接宁波与舟山的跨海大桥通车，使两地自然紧密地形成了发展海洋经济的共同体。2010 年浙江省入选海洋经济发展试点省，浙江省“海上浙江”和“港航强省”的战略成为指导宁波发展海洋经济、建设海洋经济强市，拓展新的发展空间、培育新的增长极、推进宁波转变经济发展方式的工作重点。2011 年国务院正式批复《浙江海洋经济发展示范区规划》，标志着浙江省海洋经济发展上升为国家战略，宁波因此成为该规划的核心区之一。2015 年宁波市实现海洋生产总值 1 263.88 亿元，五年年均增长 8.1%（现价），占全市地区生产总值比重达 15.8%，海洋经济成为拉动全市经济增长的重要引擎。

海洋经济的快速发展及沿海地区人口的急速膨胀、资源短缺、环境恶化等问题给海岸带生态环境带来越来越大的压力和冲击，严重影响着宁波海岸带地区的持续发展。受大规模、超强度的不合理开发影响海岸带生境退化和丧失已成为制约海岸带社会经济可持续发展的关键因素。如杭州湾南岸慈溪岸段的大规模匡围，使得这片浙江省最大的沿海滩涂湿地面积不断减少，生物多样性快速衰退。

海岸带生态环境的脆弱性和高强度开发利用之间的矛盾在宁波海岸带地区也表现得非常突出。象山港是典型的半封闭性港湾，在其自然演变过程中，依靠自身潮汐汊道的调控保障港湾水沙输移平衡以及港湾航道畅通，以维持生态环境均衡。但是，象山港沿岸大规模的潮滩围垦，使得象山港陆源水沙输入通量发生改变，天然潮滩面积不断缩小，象山港港湾纳潮面积及纳潮量明显减小。据统计，纳潮面积由最初的 55 570 hm^2 减至当前的 39 120 hm^2，纳潮面积减少了 29.6%；沿岸输沙过程受到围垦工程的干扰，潮汐汊道口门淤积严重。

在海岸带开发中，除了各种产业间的竞争、相互妨害和利益冲突，还存在海洋水体污染、生态环境恶化、港口淤塞和其他更具灾难性的环境问题。水产养殖的快速发展使得象山港水域环境污染严重，港内氮、磷营养盐已超过三类海水标准，赤潮频发，生态系统恶化严重。象山港所特有的码头航道、海洋生物基因库及最佳人居环境的功能大大下降，其本就脆弱的生态系统稳定性难以为继。沿海滩涂是建设用地的重要储备，如果不进行严谨的规划建设评估，在后续的建设中就很容易引发环境问题。

综上所述，大规模、超强度的不合理开发正在不断加速海岸带生境退化和丧失，从而成为制约海岸带可持续发展的关键因素。海岸带的海陆交互作用频繁而强烈，生态环境脆弱而缺乏稳定性，同时人类活动是改造海岸带的重要营力。无论是何种经济活动，都是基于资源的改造活动，更何况是处于生态环境脆弱带的海岸带，海岸带环境受到的压力可想而知。沿海的经济发展和海岸带资源环境利用之间的矛盾日显尖锐，如何处理好社会、经济、环境三者之间的关系，就显得尤为重要。

在宁波社会经济取得较大收益的同时，经济发展与资源环境的矛盾日益明显，陆域资源要素的制约使得宁波发展空间受到严重的束缚。立足市情，在用好用足陆域资源的同时，海岸带资源的开发利用将成为宁波发展的重要战略空间。

因此，本研究针对宁波海岸带地区高强度的开发活动造成的资源环境问题，运用多学科交叉的研究方法，通过对海岸带开发利用现状的分析，探讨解决开发利用中存在的问题，提出海岸带综合规划与管理的理念，旨在服务于浙江海洋经济核心示范区建设。同时，宁波拥有杭州湾、象山港与宁波三门湾三大海湾资源，如何进行湾区资源的合理开发利用，服务于国家“一带一路”建设、浙江海洋经济示范区建设和港口经济圈建设，对促进宁波市新的经济增长点形成和经济转型升级具有重要意义。

1.3　主要研究内容

本报告主要分10部分探讨宁波市海岸带综合管控与湾区经济发展。

（1）海岸带概念与宁波海岸带界定。主要对目前国际上关于海岸线与海岸带的概念进行综述，在此基础上，根据宁波市海岸带的特征，结合宁波市海岸带综合规划与管理的实际需要，基于地形地貌要素特征、流域分水岭走向、沿海乡镇行政区划，综合确定宁波市海岸带范围。

（2）宁波市海岸带开发存在的主要矛盾与管理困境。首先，通过对宁波市海岸带开发利用过程中相关部门的涉海审批事项（可能）的分析，指出海岸带开发审批中存在的问题。其次，选择典型区域进行涉及本研究所指海岸带区域有关规划的叠加分析，探析宁波海岸带区域存在的规划矛盾。第三，以土地利用规划为例，检验宁波海岸带区域土地利用现状与规划的吻合程度，分析规划执行过程中存在的问题。第四，针对以上问题，分析宁波海岸带综合利用与管理的主要困境。

（3）宁波海岸带统筹发展战略与总体布局。首先，解析海岸带统筹发展的时代背景与宁波行动方向，指出建立宁波市海岸带多规合一、加强监测与评估是海岸带综合规划与管理的核心。其次，综合研判宁波市海岸带综合规划与管理的指导思想、基本原则、功能定位、发展目标等在内的战略目标。第三，提出宁波海岸带综合规划的“三生空间”类型比例与滨海乡镇数量、六型功能板块、功能板块发展方向与管制原则的初步区划方案。

（4）宁波海岸带多规融合管控与体制支撑顶层设计。首先，通过对比分析美国和中国厦门、青岛、海南的海岸带管理经验，提出海岸带综合管理应注重海岸带综合管理机构及管理体制、海岸带管理的立法与执法等方面的探索与完善。第二，围绕海岸带地区多规融合这条主线，提出宁波海岸带综合规划的实施主体、管理体制、多规合一的运行技术方向与工作机制。第三，着眼宁波海岸带综合管理推进举措与策略，提出首先是统筹考量综合管理体制改革，当前要务是完成海岸带地区一个空间规划体系、“一张图”、一个信息联动平台、一个协调工作机制、一套技术标准、一套管理规定等。第四，顺应当前深改趋势建立过渡期海岸带综合利用的咨询、决策、审批市级统筹机制，并建立宁波海岸海洋综合管理的专家组，提高决策前期的科学研究支撑力。最后，强调应着力启动宁波海岸带综合监测、评估工作，实施科学管理规划，探索性地提出宁波海岸带综合执法长效工作机制。

（5）国际湾区经济成长规律与启示。在分析湾区及湾区经济内涵的基础上，分析湾区经济的构成要素、湾区经济的典型特征及湾区经济的演进历程。同时，解读旧金山湾、纽约湾、东京湾等国际湾区经济及国内深圳湾、厦门湾及青岛西海岸等典型湾区经济的形成发展过程，讨论湾区经济的发展规律，指出湾区经济的演进历程、动力机制转化和国外成熟湾区的发展经验对宁波湾区经济发展的启示。

（6）宁波湾区资源环境本底与利用问题诊断。在对宁波杭州湾、象山港湾、三门湾范围界定的基础上，分析三湾海域环境状况、海洋资源特征、水体特征及社会经济趋势，进而指出三湾社会经济发展过程中存在的资源环境问题及发展瓶颈。

（7）宁波湾区开发利用强度分析。在分析宁波杭州湾、象山港和三门湾1990—2015年每5年共6期岸线及土地利用数据基础上，从海湾岸线开发和土地利用两方面综合分析海湾开发利用强度及变化特征。摸清了宁波三湾岸线人工化特征及岸线的开发利用结构。同时，探讨了三湾地区土地利用变化特征，指出区域和资源禀赋、社会经济水平及政策因素是造成宁波三湾开发利用程度差异的重要因素。

（8）宁波三湾地区海洋经济对国家战略响应测度。在分析宁波三湾经济发展现状的基础上，梳理湾区发展规划体系及内部关系。进而探讨国家“一带一路”倡议、浙江海洋经济示范核心区建设对宁波湾区经济发展的影响及省、市规划层面对宁波湾区经济发展的要求。最后，在分析宁波湾区经济发展优劣势基础上，提出宁波湾区经济发展路径。

（9）宁波湾区经济发展规划的战略关键与战略重点。宁波湾区经济的发展必须进行产业技术创新、集群政策创新、区域协调利用创新等发展理念创新。湾区发展模式必须突破发展惯性、突破产业升级与转型的人才与技术瓶颈、提炼和发挥宁波的创新元素。建成以中心城区与湾区新城联合体为核心的宁波湾区城镇体系，建设以轨道交通与湿地碳汇库为核心的保障体系、形成贯穿滨海地带的滨海大道为主干的宁波滨海智慧交通网络，进行面向多规合一、协调有序的海湾规划管理。

（10）支撑宁波2049愿景的海岸带与湾区治理方略。为提升海岸带、湾区经济的陆海统筹与可持续发展水平，支撑宁波2049愿景的践行，提出宁波海岸带与海湾治理方略如下：①面向城市愿景的宁波海岸带与海湾空间治理应强调空间管制能力增强行动、海岸带与海湾生态环境质量改善行动与市场作用力度提升行动。②面向不确定性的宁波海岸带海湾利用响应重点应该是认清宁波海岸带与海湾及周边区域开发利用存在问题、提高宁波海岸带海洋生态—生产—生活空间协调和应对能力、坚持宁波海岸海湾的基本发展路径。③面向本土居民的宁波海岸海湾品质塑造路径应确定岸线多功能性构建多目标适宜性海岸海湾空间规划体系，以生态空间的节律性引导生产、生活空间的向海发展结构与轴网，发展“三湾联动”的前瞻性引导作用。

2 海岸带概念与宁波海岸带界定

2.1 海岸线概念

海岸线标识了沿海地区的水陆分界线，蕴含着丰富的资源环境信息，其变化直接影响着潮间带滩涂资源量及海岸带环境，引起海岸带多种资源与生态过程的改变，影响沿海人民的生存发展。海岸线由于其特殊的地理位置而具有独特的地理、形态和动态特征，是描述海陆分界的最重要的地理要素，也是国际地理数据委员会（International Geographic Data Committee）认定的27个地表要素之一。在全球气候变暖及海平面上升的背景下，世界超过一半的海滩正遭受侵蚀而后退。

20世纪以来，世界沿海国家经济重心逐渐向滨海地区转移，海岸线两侧区域成为经济活动最活跃、人口最集中的地区。日愈饱和与拥挤的生活与生产空间，迫使一些沿海国家、区域以围填海形式向海洋索要土地，使得部分区域海岸线一反全球海平面上升背景下的海岸侵蚀趋势而大规模向海推移，海岸线正以远大于自然状态下的速度与强度发生改变，给世界各国沿海地区带来经济社会与生态环境等方面的矛盾与难题。目前学术界认为，海岸线的位置、走向和形态变化是全球及海岸带环境过程、开发活动综合作用的结果与反映，不仅体现海岸带环境特征及演变态势，也反映海岸带经济社会发展、生态环境变化与政策导向之间的博弈关系。因此，海岸线动态变化研究是海岸带环境监测、资源开发与管理等研究的基础，有助于加深对海岸带环境与生态过程的理解，可促进海岸带资源与环境的可持续管理与开发。

海岸线作为海洋与陆地的分界线，在潮汐涨落、海水进退的过程中，海陆界线在海洋和陆地间不间断地水平迁移，加之特殊天气与海洋动力干预使迁移距离扩大，导致其具体位置随时间变化而具有瞬时的不确定性。但对测绘、行政管理、科学研究和海洋开发等部门而言，则需要确定的海陆界线进行研究判识甚至是决策。而当前对海岸线具体位置的划定，在行政管理、调查研究等相关部门都存在一定的差异性，给海岸线的科学划定及各地的岸线长度统计都带来很大的困扰。

《中国大百科全书》中的大气科学、海洋科学、水文科学卷中“海岸带综合利用”条目，海岸线被定义为沿海岸滩与平均海平面的交线。个别地方把当地土地管理部门和海洋管理部门过去沿用的管理界线作为海岸线。也有认为海岸线可采用较为固定的线要素代替水陆边界线指示海岸线的位置，称为指示岸线或代理岸线，可分为目视可辨识线，即肉眼可分辨的线要素（如干湿分界线、植被分界线、杂物堆积线、峭壁基底线、侵蚀陡崖基底线、大潮高潮线等）；基于潮汐数据的指示岸线，即海岸带垂直剖面与利用实测潮汐数据计算的某一海平面的交线（平均高潮线为多年潮汐数据计算的平均大潮高潮面与海岸带垂直剖面的交线、平均海平面线为多年潮汐数据计算的平均海平面与海岸带垂直剖面的交线等）。基于潮汐数据的指示岸线，暗含了海水侵蚀与淹没海岸的距离，常被用于海岸带的管理、规划与灾害预防等行政领域，如在新西兰，平均大潮高潮线是法定的规划分界线。《海洋学术语 海洋地质学》（GB/T 18190—2000）（国家质量技术监督局，2000）将海岸线定义为海陆分界线，在我国系指多年大潮高潮位时的海陆界线，但在测绘部门则称海岸线为“大潮高潮时海陆分界的痕迹线”。这种“海陆界线”或“痕迹线”并不等同于大潮高潮面与陆地地形的“交线”，大潮高潮面与陆地地形的交线可以通过验潮资料和海岸地形测绘资料在图上绘出。

现实中海岸的类型有很多，但分类方法各不相同，我国把海岸线定义为“平均大潮高潮时海陆分界的痕迹线”，其长度以 1∶50 000 比例尺精度量算。但这条划分海陆的地理环境界线绝大部分时间是裸露的，1 个月内海水可以到达的时间也仅有 2~3 h。海岸线是划分喜盐生物与淡水环境生物的界线，不同海岸地貌类型海岸线按以下原则划定：①具陡崖的海岸线位于陡崖与海滩的交接线，即海滨的后缘，是高潮时大风浪可以到达的地方。②具滩脊的海岸线在滩脊顶部向海一侧的大潮平均水位上方，激浪流或上冲流可以达到的最远位置；如果有潟湖发育，则潟湖岸线应量计在内。③潮滩海岸线附近的盐蒿、柽柳、芦苇等骤然减少，且植株变小，潮滩海岸线一般划在耐盐植物群落生长状况发生明显变化的地方；同样，发育潮滩滩脊（贝壳堤）的潮滩海岸，堤后潟湖岸线应列入海岸线计量。④在河口湾型河口（包括水域），岸线应划在河口区中段的中部。河口区中段是过渡区，有一定长度，把水域岸线划在枯水季节咸水入侵界，即枯水季河口区出现水样氯度≤3 150 mg/L 的位置。⑤凡永久性的人工海岸构筑物，且构筑物所形成的岸线包络足够多的陆域面积，多为城市和种植用地，此构筑物形成的岸线即视为人工岸线。而一般窄而长的防浪、防沙堤或观光堤坝形成的岸线则不计入岸线统计范畴。

目前，地理信息技术和遥感技术日趋成熟，特别是遥感技术具有宏观、快速、重复观测地表信息的优点，可对地表实现大范围的快速监测。利用遥感和 GIS 技术，能够快速准确地对海岸线信息进行提取和动态监测，从而及时掌握海域使用对海岸线的影响情况。当前关于海岸线变化的研究已有不少，但是大部分基于遥感图像处理方法提取的海岸线是卫星过顶时的水陆分界线，即瞬时“水边线”，而非真正地理学意义上的海岸线。可以看出，海岸线不但是一条自然地理界线，也是国土资源开发利用必须要考虑的要素。因此，海岸线的划分，关系到开发利用和职权部门的责任，划定一条以自然属性为依据、标准统一的海岸线是十分必要的。

2.2 海岸带概念及范围概述

海岸带是大陆向海洋逐渐过渡的地带，同时也是海陆相互作用、影响的地带，蕴藏着很高的自然能量和生物生产能力，是地球各大系统中唯一的连接大气圈、水圈、生物圈以及岩石圈的地带，兼有独特的陆、海两种不同属性的环境特征。此外，海岸带地区由于各类生物资源、海洋能源丰富，自然环境条件良好，地理区位优势突出，已经越来越受到人类的关注，成为人口最集中，开发活动最剧烈的地区。海岸带地区主要有以下几方面的特征：①地貌类型复杂多样：海岸带因其比较独特的地理位置，包括了地球上众多的地貌类型，主要有山地（丘陵）、河口、平原、海湾、滩涂、沼泽、湿地、浅海等。②资源能源种类繁多：海岸带位于海陆交会地带，拥有着陆地和海洋双重资源，主要包括各种耕地资源、潮汐和油气能源资源、盐类资源、海生和陆生生物资源、矿产资源、滨海旅游资源以及可供利用的其他海洋资源。③人类活动比较活跃：据统计，当前全球有超过 50%的人口聚集在仅占全球陆地面积 10%的沿海地区。世界上较发达城市或地区大多位于沿海地带，故世界人口也大多集中在海岸带区域。为此，海岸带地区社会经济、科技文化高度发达，成为人类活动最频繁的地区，同时也是土地利用变动及社会经济发展相对集中的区域。④生态脆弱、灾害多发地带：海岸带的资源环境不仅受到陆地活动的影响，同时也受到了海洋活动的影响，易受陆源污染和海洋资源开发等造成的污染的叠加影响，生态环境最易遭受破坏，是全球变化影响下生态环境恶化的敏感地带。同时，海岸带多为大陆板块和大洋板块碰撞地带，地震、海啸、风暴潮等自然灾害极为频繁。

从现今的研究情况来看，对于海岸带的定义，通常有狭义和广义之分，地貌学角度定义的海岸带即狭义的海岸带，通常是指以岸线为基准，分别向海向陆延伸的狭长的区域，一般包括三个基本部分：①陆岸，即位于多年平均高潮线之上的岸线向陆区域，也被称为潮上带；②潮间带，泛指位于多年平均高潮位线与多年平均低潮位线之间的区域；③水下大陆坡，指位于多年平均低潮位线以下的大陆架浅水区域，通常被称为潮下线。而广义的海岸带则通常指行政区域涉及的归其管辖的海岸带范围，向海一侧扩展到沿海国家海上管辖权的外边界，即 200 海里（约 370.4 千米）专属经济区外边界，向陆一侧则包括距离海岸线超过 10 千米的范围，有的甚至可以到达沿海县、市、省等行政区域的行政边界。从近几十年的研究成果来看，对于海岸带的定义存在较大差异。1995 年，国际地圈生物圈计划将海岸带的范围界定为：向陆一侧范围大致为 200 米等高线，向海一侧则包括-200 米等深线所包围的大陆架边坡（Earth system science committee NASA advisory council，1988）。世界各国的海岸带调查范围一般向海大致是 20 米等深线（即中等浪潮 1/2 波长）所包括的区域，向陆则缓冲 10 千米左右，或近历史时期的大潮高潮线上。1981 年，在我国的全国海岸带和海涂资源调查过程中，将海岸带的范围界定为向海一侧-15～-10 米等深线，向陆一侧则为 10 千米缓冲带。

对于海岸带相关概念的定义，除了用于理论研究外，更多的体现在实际应用和管理上。从实际管理应用角度入手，海岸带一般可以被理解为一条几百至几千米宽的海陆过渡带，有的甚至可以向陆侧延伸至县、市及省的行政边界，向海延伸至国家 12 海里领海线。John D 等在 2004 年指出对于海岸带的界定可以结合研究的目的、内容以及相关地区海域的自然地理特征而定。Robert Kay 等在其著作中指出海岸带的定义方式大致可以分为四种：①固定间距定义式，即国家政府部门根据一定的需要规定海岸线向陆、向海的固定间距所包括的范围为海岸带；②不固定间距定义式，即对于海岸带的间距范围没有特定的数值限定，而是根据不同区域海岸线附近的自然地貌特征、人工建筑物、构筑物特点以及生物的特征来具体确定海岸带的相关范围；③相关用途定义式，即根据研究或调查等不同需要来划定海岸带的具体范围；④混合定义式，即根据海岸带区域向陆、向海边界经过混合计算而得到海岸带的具体范围。

综上，目前关于海岸带的界定，国内外学者还未形成统一的标准，但总体来看，这些描述都有一个共同的特点，即海岸带是陆地与海洋之间的交界地带，是海岸线向海陆方向扩展一定距离后所形成的狭长的条状地带，兼备陆地和海洋的双重地理特性，不仅具有自然属性，还具有社会属性。但是对于其宽度的界定，既受到所在区域自然环境、经济基础、技术条件、政治需要等因素的影响，同时也应考虑海洋与陆地之间相互作用的影响范围。

2.3 宁波海岸带范围

2.3.1 我国相关海岸带保护规划中的海岸带范围界定

随着经济社会的快速发展，海岸带开发利用同岸线资源和生态环境保护的矛盾日益凸显，海岸带面临着巨大的生态环境压力。为加强海岸带的综合管理，有效保护和合理开发海岸带，保障海岸带的可持续利用，我国沿海各省市区都逐渐认识到海岸带保护的重要性，并制订了一系列相关规划来保证和加强对海岸带的保护与管理。而海岸带范围的界定是实施这些规划管理的前提基础，下面列举部分海岸带保护规划中对海岸带范围的界定。

2007 年山东省建设厅公布了《山东省海岸带规划》，这是我国第一个以省为单元、以城乡建设空间管制为主要内容编制的海岸带规划。该规划确定的海岸带规划范围是向陆纵深以山脊线、滨海道路、河口、湿地和潟湖等为界进行划定，在无特殊地理特征或参照物的区域，原则上以不小于 2 千米的距离进行划定。临海 100 米的海岸线应当作为重点管制区域，为需要直接临水的公共服务设施和经济活动进行用地储备。

2013 年辽宁省政府印发了《辽宁省海岸带保护和利用规划》，该规划规定辽宁省海岸带规划范围为海岸线向陆域延伸 10 千米、向海延伸 12 海里（约 22 千米），陆域面积 1.45 万平方千米，海域面积 2.1 万平方千米的范围。

2014 年，海南省政府印发了《海南经济特区海岸带范围》和《海南经济特区海岸带土地利用总体规划（2013—2020 年）》，明确划定了海岸带的具体界线范围。《海南经济特区海岸带范围》指出，海岸带向陆地一侧界线，原则上以海岸线向陆延伸 5 千米为界，结合地形地貌，综合考虑岸线自然保护区、生态敏感区、城镇建设区、港口工业区、旅游景区等规划区具体划定；海岸带向海洋一侧界线原则上以海岸线向海洋延伸 3 千米为界，同时兼顾海岸带海域特有的自然环境条件和生态保护需求，在个别区域进行特殊处理。

2015 年，青岛市发布了《青岛市海域和海岸带保护利用规划》，该规划规定，海岸带保护利用规划的具体范围是滨海第一条城市干路和滨海公路至领海外部界线。根据陆海关系，结合陆域相关规划和海洋功能区划，划定海岸带空间范围总面积约 3 291 平方千米，包含近岸陆域和近岸海域两部分，其中，滨海第一条城市干路和滨海公路至海岸线为近岸陆域，面积约 1 021 平方千米；海岸线至主航道、第一航线、第四航线内边界为近岸海域，面积约 2 270 平方千米。主航道、第一航线、第四航线内边界至领海外部界线为近海海域，面积约 9 970 平方千米。

2016 年 8 月，福建省发布了《福建省海岸带保护与利用规划（2016—2020 年）》，该规划规定海岸带规划总面积约 4. 03 万平方千米，其中陆域规划范围原则上以福鼎至诏安沿海铁路通道所在乡镇为界，结合地形地貌特征，综合考虑河口岸线、自然保护区、生态敏感区、城镇建设区、港口工业区、旅游景区等规划区具体划定，面积约 1. 80 万平方千米，涉及福州、厦门、漳州、泉州、莆田、宁德 6 个设区市及平潭综合实验区的沿海 40 个县（市、区）；海域规划范围为领海基线向陆一侧的近岸海域，面积约 2. 23 万平方千米（不包括金门、马祖及周边海域）。

2. 3. 2 宁波市海岸带范围界定原则

宁波市海岸带开发历史悠久，海岸线曲折漫长、海岸带地貌类型多样。既有呈丘陵、平原、滩涂三级台阶状向海洋敞开的杭州湾南岸，又有以基岩直逼海岸的深水海岸、深入内陆的象山港海岸，还有与台州市三门县共有的三门湾海岸。因此，宁波市的海岸带范围确定较为复杂，需要考虑更多的因素，在确定宁波市海岸带范围时应该综合考虑以下原则：首先，确定海岸线的位置，海岸线的位置一般采用测绘部门确定并公布的海岸线，由于海岸带的淤涨与侵蚀，该线是一条动态变化的线。而测绘部门公布的海岸线更新间隔时长较长，可能影响到海岸带范围的确定，因此，在进行海岸带规划时需要由测绘部门重新测绘并公布最新的海岸线位置信息。本研究基于多时相遥感影像，运用 ENVI 软件，结合野外调查，解译得到 2015 年的宁波市平均高潮位线并将之作为研究所需要的海岸线。其次，遵循海岸带陆侧生态系统完整性原则，即在确定海岸带陆侧范围时要充分考虑到自然地貌的完整性，一般可以以陆侧山脊线为边界，分布有从陆向海倾斜的完整地貌单元。第三，在平原地区难以确定分水岭（山脊线）的情况下，可以将地基高程相对较高的高等级交通线作为海岸带的陆侧界线。第四，综合考虑海岸带地区的河口岸线、自然保护区、生态敏感区、城镇建设区、港口工业区、旅游景区等规划区的具体规划规定，尽量保证这些区域的完整性。第五，为了有利于海岸带保护规划的实施，划分海岸带范围时尽量保持沿海乡镇区域范围的完整性。第六，以海岸线为基线，向海方向作 3 千米的缓冲区作为海岸带的海域范围。当缓冲区遇到海岛时，再以海岛的外侧岸线向海作 3 千米的缓冲区。宁波与台州交界的三门湾则以两市的分界线来划定海岸带的分界线。此外，对个别特殊区域进行特殊处理。以上原则存在矛盾时则根据实际情况进行相应处理。

2.3.3 宁波市海岸带范围界定

以 DEM 高程数据、宁波市 1 ∶ 10 000 地形图、美国陆地卫星遥感影像（Landsat8 获取的 OLI 影像）和宁波市交通专题图等为基本数据源，其中涉及 DEM 数据共 5 景，由地理空间数据云提供，水平精度为 30 m，采用 ASRTER GDEM V2 模型进行数据采集；美国陆地卫星 OLI 遥感影像数据来源于 USGS（美国地质调查局）官方网站，共获取 2015 年的 OLI 影像数据 2 景，空间分辨率为 30 米，行列号分别为 118-39 和 118-40。此外，还包括甬江及姚江流域数据，主要用于检验 DEM 高程数据提取的山脊线与实际流域范围的吻合程度。

以 5 景无缝 DEM 高程数据为原始资料，采用 ArcGIS10.2 软件中的 ArcHydroTools 插件，提取宁波市海岸带无河网数据的整体流域边界。主要提取步骤如下：首先采用 Fill Silks 方法，填充原始 DEM 中的洼地，并根据 D8 算法，生成河流流向栅格图，使用 Flow Accumulation 方法，生成汇流累积栅格图；其次采用 Stream Definition 和 Stream Sementation 方法，得到河流栅格图，并建立栅格河段上下游拓扑关系；最后使用 Catchment Grid Delineation、Catchment Poigon Processing 工具，生成宁波市海岸带流域整体边界矢量数据。将提取河网中的分水岭同 DEM 进行比对，验证河网提取的合理性，在保证精度的前提下，利用其进行宁波市陆侧海岸带边界的提取，由此生成宁波市海岸带自然边界。

多时相美国陆地卫星遥感影像主要用于宁波市海岸线和部分地物特征的

提取与验证。先对2015年2景OLI遥感影像进行包括几何精校准、影像配准、假彩色合成和图像拼接等数据预处理（包括去除影像黑边），在野外调查的基础上，通过人工目视解译，并利用ArcGIS10.2绘图工具提取平均高潮线作为最终2015年宁波市海岸线。

利用DEM高程数据生成的整体流域边界、遥感数据提取的宁波市海岸线以及宁波市交通专题图，在部分分水岭生成明显的山地采用ArcGIS10.2中跟踪工具进行流域刻画，开发活动强度剧烈、地势低平的沿海地区使用交通图中的国道、省、高速公路等作为边界，提取宁波市海岸带整体流域边界。将流域边界同海岸线闭合，最终生成宁波市基于地貌类型划分的陆域海岸带范围（图2-1）。通过参考资料及研究实际确定宁波市海侧海岸带边界线，采用ArcGIS空间分析工具作海岸线向海3千米缓冲区，对于缓冲区覆盖海岛部分地区的区域，则以海岛外侧为界线再作3千米缓冲区，在图2-1基础上叠加上述海域缓冲区，初步生成宁波市海岸带边界（图2-2）。在此基础上再综合考虑宁波市沿海乡镇的行政区划，最终确定本研究所需的宁波市海岸带范围（图2-3）。

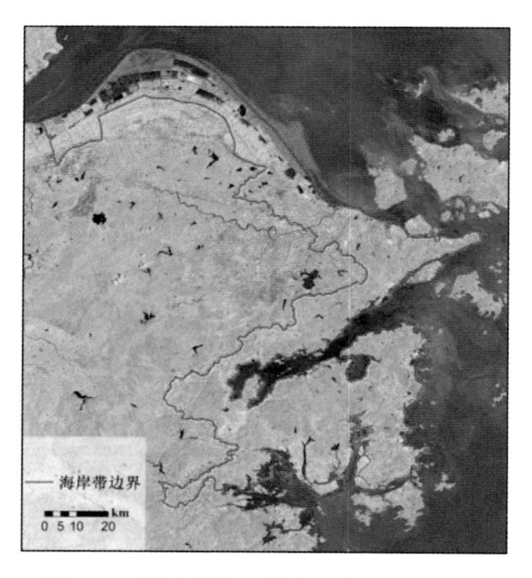

图2-1　据地貌类型划分的宁波市海岸带

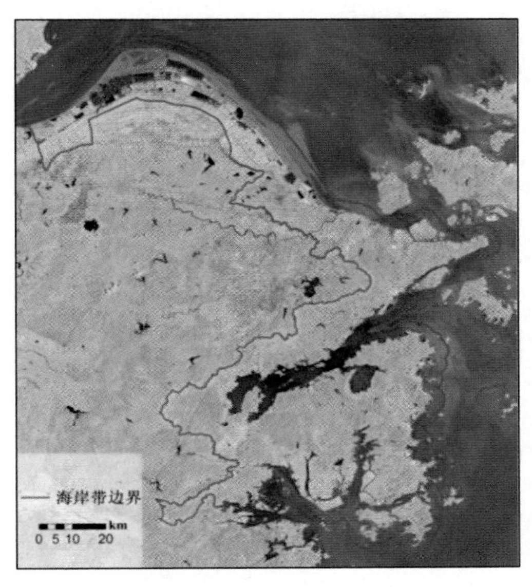

图 2-2 叠加 3 千米海域缓冲区的宁波市海岸带

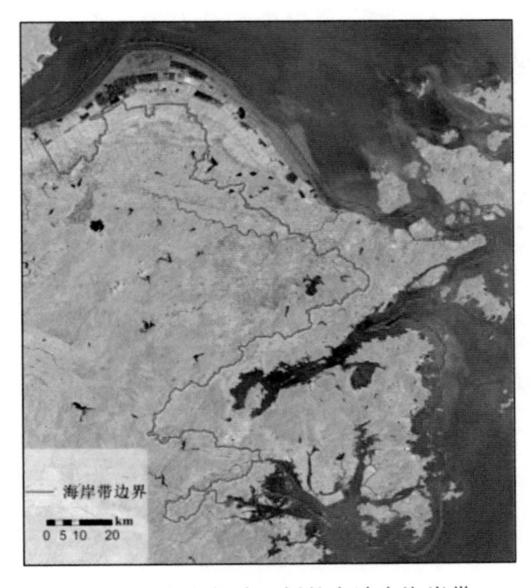

图 2-3 考虑行政区划的宁波市海岸带

3　宁波市海岸带开发存在的矛盾与管理困境

3.1　宁波海岸带相关职能机构与审批权限

海洋工程项目落地前，需要通过宁波市海洋与渔业局、国土资源局、规划局、交通运输委员会、环境保护局以及水利局等相关部门对涉海事项的审批。各部门需要围绕其职责，负责在其审批权限范围内对各种涉海事项进行审批。本节主要对各部门可能需要审批的涉海事项进行罗列，并分析围填海项目审批流程。

3.1.1　相关部门的可能涉海职能与审批权限

1. 宁波市海洋与渔业局

宁波市海洋与渔业局是主管海洋与渔业相关工作的市政府直属机构。主要职责有[①]：起草有关海洋与渔业行政管理的地方性法规、规章草案和规范性文件，经批准后组织实施并监督检查，指导全市海洋与渔业行政管理；综合协调海洋开发利用，建立完善海洋管理制度；负责海洋环境、水生生物资源和渔业水域生态环境的保护工作；负责渔业行业管理，负责海洋与渔业防灾减灾、行政执法、科技管理等工作。宁波市海洋与渔业局对相关涉海事业所拥有的审批事项见表3-1。

---

① 宁波市海洋与渔业局机构职能［OB/EL］. http：//www. nbhyj. gov. cn/col/col1147/index. html.

表 3-1 宁波市海洋与渔业局相关涉海审批事项

部门	事项编号	大事项名称
市海洋与渔业局	许可-00502-000	海洋工程建设项目环境影响评价核准（含环保设施验收、拆除或者闲置）及海洋工程拆除或改作他用许可
	许可-00503-000	海域使用许可
	许可-00509-000	水产养殖证核发
	许可-00512-000	兴建可能导致重点保护的野生动植物生存环境污染和破坏的海岸工程建设项目审批
	确认-00072-000	填海造地海域使用竣工验收
	其他-03028-000	海洋污染事故应急计划备案
	审核转报-00791-000	国务院批准权限海域使用许可审核转报

2. 宁波市国土资源局

宁波市国土资源局是主管全市国土资源的保护与开发利用的部门。主要职责有[①]：全市土地、矿产等自然资源的保护与合理利用及其专项规划的编制和组织实施；参与审核城市总体规划及城镇建设规划；协助有关部门对报国务院、省政府、市政府审批的涉及土地、矿产相关规划的审核；建设项目的用地预审；组织拟订并实施耕地保护政策以及土地用途管制；承担报国务院、省政府、市政府审批的各类建设用地的审查、报批及批准后的征收、征用、划拨、出让和使用工作；矿山生态环境保护的监督管理；按权限审批、核发选矿许可证，监督管理独立选矿活动；依法管理水文地质、工程地质、环境地质勘查和评价工作；监测、监督防止地下水过量开采和污染。宁波市国土资源局拥有的涉海审批事项见表 3-2。

表 3-2 宁波市国土资源局相关涉海审批事项

部门	事项编号	大事项名称
市国土资源局	许可-00134-000	土地开垦审核
	许可-00135-000	建设项目用地审批
	许可-00140-000	农村集体经济组织兴办企业用地审核
	许可-00141-000	临时用地审批

① 宁波市国土资源局机构概况［OB/EL］. http：//www. nblr. gov. cn/showpage2/pubsurvey. jsp?type=bmzz.

续表

部门	事项编号	大事项名称
市国土资源局	许可-00142-000	改变土地用途审批
	许可-00143-000	国有划拨土地使用权转让、出租审批
	许可-00144-000	农村村民住宅用地审核
	许可-00804-000	农村土地综合整治与城乡建设用地增减挂钩审核
	许可-00805-000	农转用与土地征收审核
	许可-00806-000	乡（镇）村公共设施公益事业建设用地审核
	确认-00136-000	地质灾害治理责任认定
	确认-00138-000	不动产登记（土地登记）
	其他-02055-000	闲置土地认定和处置方案审核
	其他-02065-000	建设用地复核验收
	其他-02072-000	地质灾害危险性评估成果备案
	其他-02078-000	收回土地使用权审核
	其他-02080-000	国有划拨土地转让补办有偿使用权审批（含转让补办、自用补办、调整有偿使用方式等）
	其他-03056-000	建设用地项目压覆矿产资源审核

3. 宁波市规划局（市测绘与地理信息局）

宁波市规划局（市测绘与地理信息局）是主管全市城市规划和测绘管理的职能部门。主要负责①：城市规划的审查和报批；城市规划区域内城市规划的实施管理和监督；依法核发建设项目选址意见书、建设用地规划许可证、建设工程规划许可证；负责本市测绘管理工作；指导全市城乡规划管理工作。宁波市规划局拥有的涉海审批事项见表3-3。

4. 宁波市交通运输委员会（港口管理局）

宁波市交通运输委员会（港口管理局）是主管市交通运输相关工作的职能部门。承担涉及综合运输体系的规划协调工作，会同有关部门组织编制综合运输体系规划并参与实施；拟订公路、水路、港口工程建设相关政策、制度和技术标准，并监督实施；指导全市公路、水路基础设施及其配套项目和港口公用基础设施的建设、养护和管理；组织协调公路、水路、港口工程建设和工程质量、安全生产监督管理工作；负责全市交通运输行业安全生产监

① 宁波市规划局机构概况［OB/EL］. http：//www. nbplan. gov. cn/zhz/forum/4/index. html.

督管理和应急管理，公路路政、港政、航政、道路运政管理，全市交通战备等工作①。宁波市交通运输委员会拥有的涉海审批事项见表3-4。

表3-3　宁波市规划局相关涉海审批事项

部门	事项编号	大事项名称
市规划局	许可-00161-000	建设项目选址审批
	许可-00163-000	建设用地（含临时建设用地）规划许可
	许可-00164-000	建设工程（含临时建设工程）规划许可
	许可-00165-000	乡村建设规划许可
	许可-00166-000	临时改变房屋用途审批
	其他-00955-000	测绘与地理信息项目（含外国的组织或者个人在浙江测绘项目）实施前备案
	其他-01974-000	规划条件变更审批
	其他-01975-000	建设工程设计方案（修建性详细规划）审查
	其他-03018-000	建设工程竣工测量审核
	其他-56598-000	建筑工程配套管线设计方案及竣工测绘成果备案
	审核转报-00324-000	建设项目选址初审

表3-4　宁波市交通运输委员会相关涉海审批事项

部门	事项编号	大事项名称
市交通委	许可-00240-000	交通建设工程施工许可
	许可-00241-000	建设项目使用港口岸线许可
	许可-00246-000	交通建设工程设计文件审批（初步设计、施工图设计）
	许可-00256-000	涉航建筑物许可（航道通航条件影响评价审核）
	许可-00839-000	港口经营许可
	许可-00840-000	在港口内进行采掘、爆破等活动许可
	其他-01379-000	交通建设项目工程可行性研究报告（含项目建议书）行业审查
	其他-02935-000	交通建设项目环评、水保联合审查
	其他-02960-000	水运建设工程开工备案
	审核转报-00754-000	部省级负责审批的建设项目使用港口岸线转报
	审核转报-00756-000	交通建设项目可行性研究报告（项目建议书）、项目申请报告审查转报

① 宁波市交通运输委员会机构介绍［OB/EL］. http：//wang517160. honpu. com/.

续表

部门	事项编号	大事项名称
市交通委	审核转报-00757-000	环评、水保联合审查（联合发改、环保、水利部门对相关方案组织审查，出具预审意见）
	审核转报-00771-000	涉航建筑物许可（规划1-4级内河航道和沿海500吨级及以上航道）转报

5. 宁波市环境保护局

宁波市环境保护局是主管全市环境保护工作的职能部门。主要职责有①：贯彻执行国家、省、市环境保护有关法律、法规、规章和政策；起草环境保护地方性法规、规章草案和政策措施，经批准后组织实施；组织拟订和监督实施国家、省、市确定的重点区域、重点流域污染防治规划和生态保护规划，组织制定并监督实施主要污染物排放总量控制计划及相关政策，监督、核查各地污染物减排任务完成情况；负责对水体、大气、土壤、噪声、光、重金属、固体废物、有毒化学品、机动车以及重点区域、重点流域污染防治进行统一监管；负责全市生态文明建设的统一组织协调，指导、协调、监督各类自然保护区、风景名胜区、森林公园的环境保护工作，协调和监督生物多样性保护、野生动植物保护、湿地环境保护工作等等。宁波市环境保护局拥有的涉海审批事项见表3-5。

表3-5 宁波市环境保护局相关涉海审批事项

部门	事项编号	大事项名称
市环境保护局	许可-00145-000	建设项目环境影响评价文件审批
	许可-00150-000	排污许可
	许可-00157-000	入海排污口设置许可
	其他-00919-000	对建设项目环境影响后评价报告的备案
	其他-05583-001	非核与辐射建设项目环境保护设施竣工验收
	其他-05583-002	辐射类建设项目环境保护设施竣工验收

6. 宁波市水利局

宁波市水利局是主管全市水利工作的职能部门。主要职责有②：贯彻执行

① 宁波市环境保护局职能［OB/EL］. http：//www. nbepb. gov. cn/Info_ More. aspx？ ClassID = 2c3891c9-17dd-464c-9e76-f5627662a428.

② 宁波市水利局职能［OB/EL］. http：//www. nbwater. gov. cn/jgzn/jgzn. aspx.

国家、省有关水利的法律、法规、规章和方针、政策，受委托起草有关水行政管理的地方性法规、规章草案；负责保障水资源的合理开发利用，统一管理水资源以及水资源的保护工作；负责水利设施、水域及其岸线的管理与保护，水旱灾害防治、水土保持、节约用水等工作；组织、指导水政监察和水政执法，指导农村水利、水文工作以及水利科技、教育和队伍建设等工作。宁波市水利局拥有的涉海审批事项见表3-6。

表3-6 宁波市水利局相关涉海审批事项

部门	事项编号	大事项名称
市水利局	许可-00279-000	开发建设项目水土保持方案审批
	许可-00283-000	水工程建设规划同意书审查
	许可-00284-000	涉河涉堤建设项目审批（含占用水域审批）
	许可-00288-000	水利基建项目初步设计文件审批
	许可-00289-000	海塘工程建设项目审批
	许可-00291-000	水利工程管理范围内新建建筑物、构筑物和其他设施审批
	许可-00294-000	农村集体经济组织修建水库审批
	许可-00296-000	城市建设围堵水域、废除围堤审查
	许可-00298-000	占用农业灌溉水源、灌排工程设施审批
	许可-00300-000	海塘开缺或新建闸门审核
	许可-00825-000	滩涂围垦项目审批
	许可-00826-000	滩涂围垦规划范围内其他工程设施建设审查
	确认-00092-000	水库大坝、海塘、水闸安全鉴定的审定
	确认-00093-000	水库特征水位调整审查
	确认-00094-000	水库功能调整审查
	确认-00758-000	水域纳污能力核定和水质监测
	其他-01383-000	水利工程施工图设计文件审查备案
	其他-01384-000	水库、水闸控制运用计划核定
	其他-01385-000	水利工程招投标监督检查
	其他-01390-000	水利工程阶段验收和竣工验收
	其他-01393-000	水库大坝、水闸注册登记的备案
	其他-01405-000	农田水利（含中央财政小农水项目、大中型灌区改造、大中型泵站、节水灌溉、小型水利工程、山塘综合整治、低洼易涝区整治、农村饮水安全工程）建设审核与审批
	其他-02813-000	水利工程降等或报废审批
	其他-02814-000	水利建设工程项目招标文件核准
	其他-02835-000	水土保持设施验收

7. 宁波市发展和改革委员会

宁波市发展和改革委员会是主管全市国民经济和社会发展宏观调控、物价工作和指导总体经济体制改革的职能部门。主要职责有①：组织编制和实施全市国民经济和社会发展战略、总体规划和年度计划，负责组织审核、评估调整、实施督查等综合管理工作；负责规划体制改革，组织编制和立项、审核重点区域规划、重点专项规划，建立健全发展规划体系；负责各类中长期发展规划的立项、审核，衔接平衡与土地利用规划、城乡规划、功能区划等相关规划的关系；编制并组织实施市级主体功能区规划和市域国土空间规划，衔接平衡各类功能区划；负责城市化发展战略、规划、重大政策研究和协调，综合协调推进全市新型城市化等工作。宁波市发展和改革委员会拥有的涉海审批事项见表 3-7。

表 3-7 宁波市发展和改革委员会相关涉海审批事项

部门	事项编号	大事项名称
市发改委	许可-00004-000	工程初步设计审批
	许可-00005-000	工程建设项目招标范围、招标方式、招标组织形式的核准
	其他-01174-000	建设项目招标文件、招投标情况、合同备案
	其他-01352-000	建设工程施工合同、中标价、竣工结算价信息和国有投资建设工程招标控制价备案
	审核转报-00048-000	政府投资项目审核转报
	审核转报-00059-000	国家海水淡化试点示范认定审核转报

8. 宁波市农业局

宁波市农业局是主管全市农业及相关工作的职能部门。主要职责有②：贯彻执行中央、省、市有关农业和农村经济的法律、法规和政策，起草有关种植业、畜牧业、农业机械化等农业各产业（以下简称农业）和农村经济管理的地方性法规、规章草案和规范性文件，经批准后组织实施；研究拟订全市农业技术政策和产业政策，参与制订农村经济发展战略及相关经济政策，全市农村经济体制改革，配合有关部门提出改革方案；负责农业产业的结构调整、资源配置及产业间的综合平衡，农作物病虫害防治和动植物疫病防控工

① 宁波市发展和改革委员会职能［OB/EL］. http：//www. nbdpc. gov. cn/cat/cat21/index. html.

② 宁波市农业局机构组织［OB/EL］. http：//www. nbnyj. gov. cn/cat/cat50/index. html.

作，指导现代农业园区和粮食生产功能区建设，参与全市农业基础设施建设与管理等。宁波市农业局所拥有的审批事项见表 3-8。

表 3-8　宁波市农业局相关涉海审批事项

部门	事项编号	大事项名称
市农业局	确认-00214-000	标准农田占补（置换）质量评定和验收认定

9. 宁波市林业局

宁波市林业局是主管全市林业工作的职能部门。主要职责有①：贯彻执行国家、省、市有关林业法律、法规、规章和政策，起草相关地方性法规、规章草案和规范性文件，拟订全市林业及其生态建设的政策、发展战略、中长期规划，经审议通过后组织实施；组织、协调、指导和监督全市造林绿化工作，负责森林资源保护发展监督管理；组织、指导陆生野生动植物资源的保护和合理开发利用，指导全市森林公安工作，监督管理森林公安队伍；参与林业及其生态建设的生态补偿制度建立和实施工作，负责推进林业改革，维护农民经营林业合法权益；组织、指导全市林业产业发展及宣传等工作。宁波市林业局所拥有的涉海审批事项见表 3-9。

表 3-9　宁波市林业局相关涉海审批事项

部门	事项编号	大事项名称
市林业局	许可-00347-000	征收、占用林地许可
	许可-00906-000	生态公益林树种更替和林木更新许可
	确认-00117-000	公益林变更调整
	确认-00118-000	森林公园的命名、变更、撤销和总体规划的审批
	确认-00312-000	林权证发放
	其他-02436-000	林业生产服务工程项目立项

10. 宁波市住房和城乡建设委员会

宁波市住房和城乡建设委员会是主管全市住房和城乡建设工作的职能部门。主要职责有②：贯彻落实国家、省有关住房和城乡建设的法律、法规、规

① 宁波市林业局机构职能［OB/EL］. http://www.nbslyj.gov.cn/col/col1241/index.html.

② 宁波市住房和城乡建设委员会机构职能［OB/EL］. http://www.nbjs.gov.cn/GB/InfoFiles/One.aspx? path_ id=000000050100503.

章和政策，拟订全市住房和城乡建设地方性法规、规章和政策，经批准后组织实施；根据全市国民经济和社会发展的总体目标与规划，组织编制住房保障、城市基础设施建设、房地产业、建筑业、勘察设计业、建筑节能的发展规划和年度计划；负责城镇低收入家庭住房保障工作，推进住房制度改革；负责全市城镇房屋登记、产权产籍和直管公房、单位自管房、私房政策的监督管理，全市房地产市场的监督管理；负责中心城区城市基础设施建设的组织实施和统筹协调工作，市本级城建项目的方案制定、工程可行性研究、非重点项目扩初会审、建设管理、竣工验收和实施过程中的协调工作并指导全市城市基础设施建设工作。宁波市住房和城乡建设委员会所拥有的涉海审批事项见表 3-10。

表 3-10 宁波市住房和城乡建设委员会相关涉海审批事项

部门	事项编号	大事项名称
市住建委	许可-00188-000	建筑工程施工许可
	其他-01992-000	房屋建筑工程和市政基础设施工程竣工验收备案
	其他-01999-000	房地产开发项目转让备案

3.1.2 围填海项目审批流程

围填海项目在获得海域使用权的过程中，首先向海洋行政主管部门提出用海申请并获得预审意见，填海 50 公顷以下，需省级海洋主管部门出具预审意见；50 公顷以上需国家海洋局出具预审意见。然后委托具有相应环境影响评价资质的单位编制海域使用论证报告书和环境影响报告书，50 公顷以下报省级海洋主管部门核准；50 公顷以上报国家海洋局核准。通过环评审核后，开展海域使用论证会，由发展和改革委员会立项完成后可向海洋行政主管部门申请海域使用权，获得海域使用权批复并交纳足额海域使用金后可获得海域使用权证书（详见图 3-1）。

劈山取土时，开发未确定使用权的国有荒山，应向县以上土地行政主管部门提出申请。一次性开发土地 10 公顷以下（含本数）的，由县级人民政府批准；10 公顷以上 35 公顷以下（含本数）的，由市人民政府批准；35 公顷以上 600 公顷以下（含本数）的，由省人民政府批准。开发农民集体所有的荒山，向县土地行政主管部门提出申请，报县人民政府批准。按上述方式取

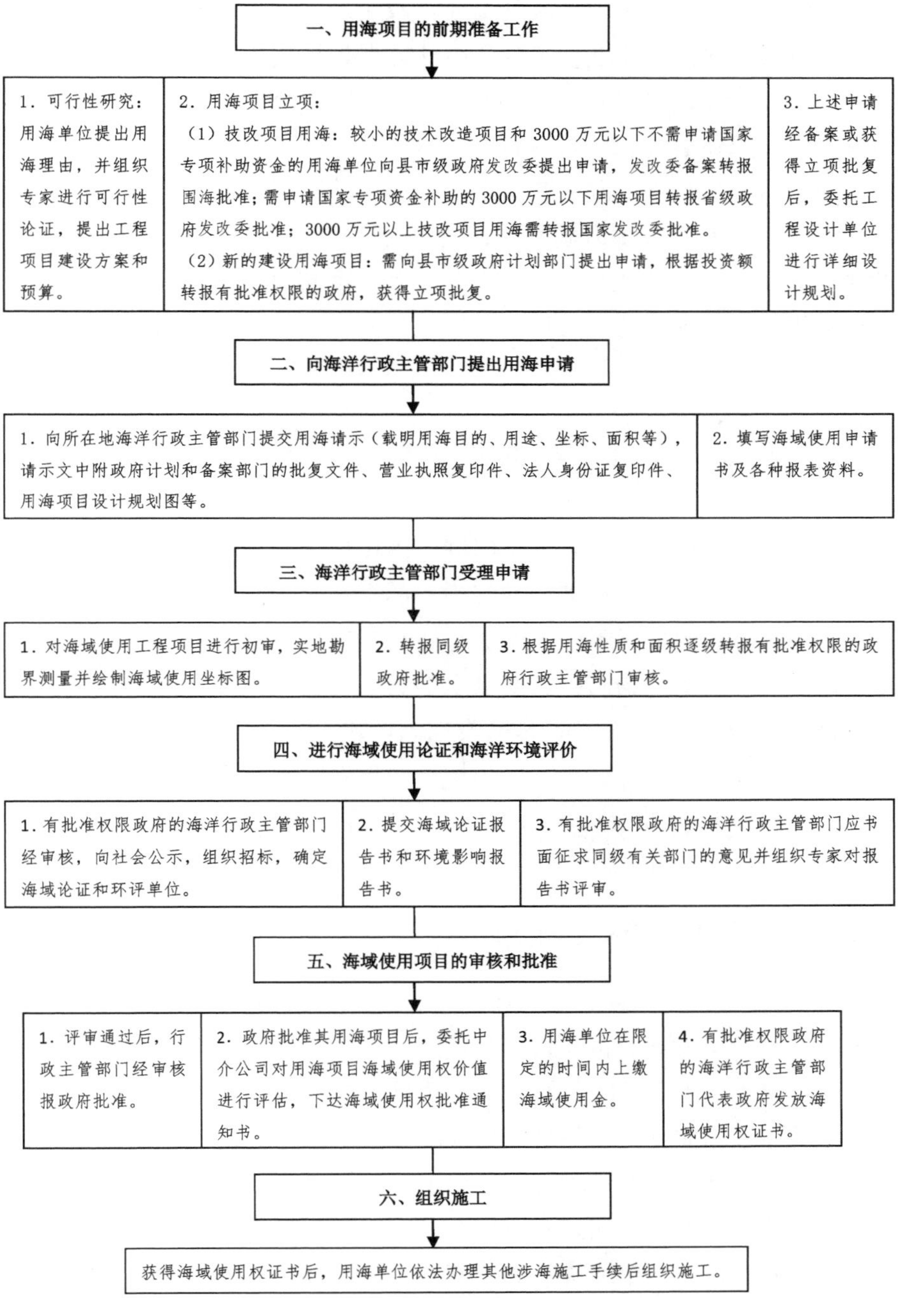

一、用海项目的前期准备工作

1．可行性研究：用海单位提出用海理由，并组织专家进行可行性论证，提出工程项目建设方案和预算。	2．用海项目立项： （1）技改项目用海：较小的技术改造项目和 3000 万元以下不需申请国家专项补助资金的用海单位向县市级政府发改委提出申请，发改委备案转报围海批准；需申请国家专项资金补助的 3000 万元以下用海项目转报省级政府发改委批准；3000 万元以上技改项目用海需转报国家发改委批准。 （2）新的建设用海项目：需向县市级政府计划部门提出申请，根据投资额转报有批准权限的政府，获得立项批复。	3．上述申请经备案或获得立项批复后，委托工程设计单位进行详细设计规划。

二、向海洋行政主管部门提出用海申请

1．向所在地海洋行政主管部门提交用海请示（载明用海目的、用途、坐标、面积等），请示文中附政府计划和备案部门的批复文件、营业执照复印件、法人身份证复印件、用海项目设计规划图等。	2．填写海域使用申请书及各种报表资料。

三、海洋行政主管部门受理申请

1．对海域使用工程项目进行初审，实地勘界测量并绘制海域使用坐标图。	2．转报同级政府批准。	3．根据用海性质和面积逐级转报有批准权限的政府行政主管部门审核。

四、进行海域使用论证和海洋环境评价

1．有批准权限政府的海洋行政主管部门经审核，向社会公示，组织招标，确定海域论证和环评单位。	2．提交海域论证报告书和环境影响报告书。	3．有批准权限政府的海洋行政主管部门应书面征求同级有关部门的意见并组织专家对报告书评审。

五、海域使用项目的审核和批准

1．评审通过后，行政主管部门经审核报政府批准。	2．政府批准其用海项目后，委托中介公司对用海项目海域使用权价值进行评估，下达海域使用权批准通知书。	3．用海单位在限定的时间内上缴海域使用金。	4．有批准权限政府的海洋行政主管部门代表政府发放海域使用权证书。

六、组织施工

获得海域使用权证书后，用海单位依法办理其他涉海施工手续后组织施工。

图 3-1 海洋工程项目用海申请流程图

得土地使用权的，土地使用者应到土地行政主管部门申请办理土地登记，由人民政府颁发土地使用证书。同时应向环境保护局提出环境影响评价文件审批申请，若异地开采工程施工用的砂、石、土，需至国土部门办理采矿许可证，并缴纳资源补偿费。

填海项目竣工验收后海域使用权自动灭失，其所形成的土地属于国家所有。海域使用权人应自填海项目竣工之日起三个月内，凭海域使用权证书，到填海成陆所在地县级以上的国土资源行政主管部门办理国有土地使用权登记，由县级以上人民政府登记造册，换发国有土地使用权证书，确认土地使用权。

3.2 宁波海岸带相关规划及其叠加分析

伴随着中国改革开放与发展，编制以国民经济与社会发展规划、城乡规划、土地利用规划、生态环境规划等为主的多种规划，成为政府加强宏观调控与创新管理方式的重要手段，而这些规划都有相对应的法律与规范要求并归属不同政府部门予以编制，长期以来形成了各自相对独立的规划体系。本节在对涉及宁波市海岸带区域的相关规划图纸进行数字化的基础上，运用ArcGIS软件对其进行叠加分析，以剖析不同规划对同一土地利用空间的开发利用是否存在矛盾与冲突，从而为建立科学有序的空间规划体系提供科学借鉴。

3.2.1 宁波市海岸带相关规划

《宁波市国民经济与社会发展规划第十三个五年规划纲要》提出了“十三五”时期经济社会发展的奋斗目标和主要任务，符合宁波市发展实际和阶段性特征，反映了全市人民的共同意愿，体现了科学发展的客观要求。“十三五”时期是宁波市实现高水平全面建成小康社会，为全面建成现代化国际港口城市打下坚实基础的关键时期。规划纲要按照跻身全国大城市第一方队和建设中国特色社会主义“四好示范区”的要求，紧扣提高发展质量和效益这一中心，深入实施“六个加快”和“双驱动四治理”战略决策，肩负起“干在实处永无止境，走在前列要谋新篇”的新使命，开拓创新，奋发有为，努力完成“十三五”规划确定的宏伟目标，高水平全面建成小康社会，为全面建成现代化国际港口城市打下坚实基础。

2016年4月，宁波市政府批准了浙江省首个生态保护红线规划《宁波市生态保护红线规划（市区）》[①]。该规划按照全市域1：10 000和市区1：2 000划定生态保护红线，提出分级管控要求，这是宁波市全面贯彻落实党中央关于生态文明建设和绿色发展理念，加强生态文明建设的重大举措。该规划从宁波自然环境特征和现状出发，兼顾经济发展、生态保护与民生需求，指导思想明确，目标清晰，重点突出，措施合理，具有较强的前瞻性和可操作性。根据该规划，宁波市生态保护红线主要包括13类生态要素区域，分别是：自然保护区、风景名胜区、森林公园、饮用水水源保护区、重要水源涵养区、重要湿地、生态公益林、洪水调蓄区、重要自然岸线、重要物种（含渔业）保护区、地质遗迹保护区、地质灾害易发区和生态廊道。以上述13类生态要素所处的区位为基础，对接各类要素区域涉及的如风景名胜区总体规划、森林公园总体规划、水功能区和水环境功能区划分方案等相关规划的要求划定一级管控区和二级管控区。一级管控区执行最严格的生态保护控制措施，严格按照相关法律、法规进行管控，禁止有损生态环境的开发建设活动。二级管控区内尽量保持生态系统现状，严格控制建设用地的比例及建设强度，除具有系统性影响以及必要的设施用地、其他经规划行政主管部门会同相关部门论证，与生态保护不相抵触，资源消耗低，环境影响小，经市人民政府批准同意建设的项目外，禁止建设其他项目。新增项目宜作为环境影响重大项目，依法进行环境影响评价。

《宁波市土地利用总体规划（2006—2020年）》[②] 规划范围为宁波市行政辖区全部土地，包括海曙区、江东区、江北区、北仑区、镇海区、鄞州区、余姚市、慈溪市、奉化市、象山县和宁海县，土地总面积9 695.51平方千米。其中，中心城区土地利用规划范围358.77平方千米，包括海曙区、江东区全域和江北区、北仑区、镇海区、鄞州区的部分区域。根据宁波市土地利用变更调查结果，分析了宁波市土地利用现状以及当前土地利用和管理形势，并提出了土地利用战略。严格按照土地利用规划的原则和目标，对宁波市土地利用现有结构和布局进行合理调整，并根据土地利用综合分区和功能分区进行宏观调控，特别对建设用地进行管制分区。对土地利用重大工程与重点项

---

① 宁波市生态保护红线规划（市区）. http：//www.nbplan.gov.cn/zhz/news/201604/n69068.html. 2016/4/27.

② 宁波市土地利用总体规划（2006—2020年）［EB/OL］. http：//www.nblr.gov.cn/showpage2/detail.jsp？id=1516681. 2011/11/17.

目进行了规划，提出规划实施的保障措施。

《宁波市城市总体规划（2006—2020 年）（2015 年修订）》① 是指导城市发展与建设的纲领性文件，主要包括城市的范围、性质、规模、职能、空间布局、生态环境保护以及城市综合交通等方面的规划。宁波市域空间管制规划根据地域资源环境、承载能力和发展潜力的不同，将宁波市域陆域分区划分为禁建区、限建区和适建区，以强化空间管制。禁建区指自然及人文资源珍贵、必须加以原真性保护、避免受开发活动破坏的区域，约占市域陆域面积的 50%。限建区主要指资源承载能力及生态环境脆弱的区域以及城镇远景发展预留用地，约占市域陆域面积的 30%。适建区指综合条件下适宜城市（镇）发展建设的用地，是城市（镇）发展优先选择的地区，约占市域陆域面积的 20%。

《宁波市滩涂围垦造地规划（2011—2020）》② 是为充分发挥宁波市土地资源对经济社会发展的支撑和保障作用，积极转变土地资源利用方式，坚持节约用地、落实海涂垦造耕地工作，达到全市耕地占补平衡而编制的。随着经济持续快速发展，引发的用地供需矛盾也日益突出，新增建设用地供给数量缺口较大，但是随着耕地保护和生态建设力度的加大，加之后备土地资源的严重不足，使宁波市可用新增建设用地的土地资源十分有限，各项建设用地供给面临前所未有的压力。滩涂围垦造地的范围为全市滩涂围垦规划区，重点在三北片（西起余姚市黄家埠镇，东迄慈溪市龙山镇）、甬江西侧（西起澥浦、东至穿山）、象山宁海东南部沿海（大目洋及三门湾北岸）等区域。《宁波市滩涂围垦造地规划（2011—2020）》明确了正在进行海涂围垦和下一步准备进行海涂围垦的土地用途，确保围垦总面积 45%以上的土地垦造为耕地，用于全市耕地占补平衡统筹。

3.2.2 相关规划叠加分析

由于不同规划主体、技术标准、规划内容、数据基础、实施手段和监督机制，以及规划期限、规划目标、功能定位等方面存在明显的差异，导致各种规划中涉及空间布局、资源配置、利用管控等方面存在目标内容不协调、

① 宁波市城市总体规划（2006—2020 年）（2015 年修订）［EB/OL］. http：//www. nbplan. gov. cn/zhz/news/201503/n64535. html. 2015/3/18.

② 宁波市滩涂围垦造地规划（2011—2020）［EB/OL］. www. nblr. gov. cn/showpage2/detail. jsp? id = 1501862. 2012/4/24.

技术方法不统一、表述方式不一致的情况，甚至存在相互矛盾和冲突的问题，严重影响到规划的实施和成效。各规划空间布局差异明显，项目落地难，空间利用效率低。由于各项规划的编制时期和规划期限不一致，经济社会发展五年规划的指标确定与城乡、土地利用规划的布局难以衔接。城乡规划和土地利用规划编制时期长，实际情况可能是“规划赶不上变化”，规划之间各类用地空间布局交叉或错位问题突出，协调难度大。因此，在空间资源约束显化和城乡发展转型背景下，如何探索建立科学有序的空间规划体系，集约高效配置和利用空间资源，成为当前推进新型城镇化和生态文明建设的重大战略选择。以宁波市海岸带中的象山港和三门湾两个典型区域为例，运用 ArcGIS 的空间分析功能对各规划内容进行叠加分析。

象山港地处宁波市东部沿海，北靠杭州湾，南邻三门湾，东北通过佛渡水道、双屿门水道与舟山海域毗邻，东南通过牛鼻山水道与大目洋相通，湾内拥有大小岛屿 65 个及西沪港、铁港和黄墩港 3 个次级港湾，横贯象山、宁海、奉化、鄞州、北仑 5 县（市）、区（图 3-2）。象山港流域面积 1 455 平方千米，岸线全长 392 千米，其中大陆岸线 260 千米，属亚热带季风区，以低山丘陵为主，天然淤积海岸、侵蚀海岸和人工海岸交替分布，区域潮滩湿地广阔，水产捕捞和海水养殖业发达。

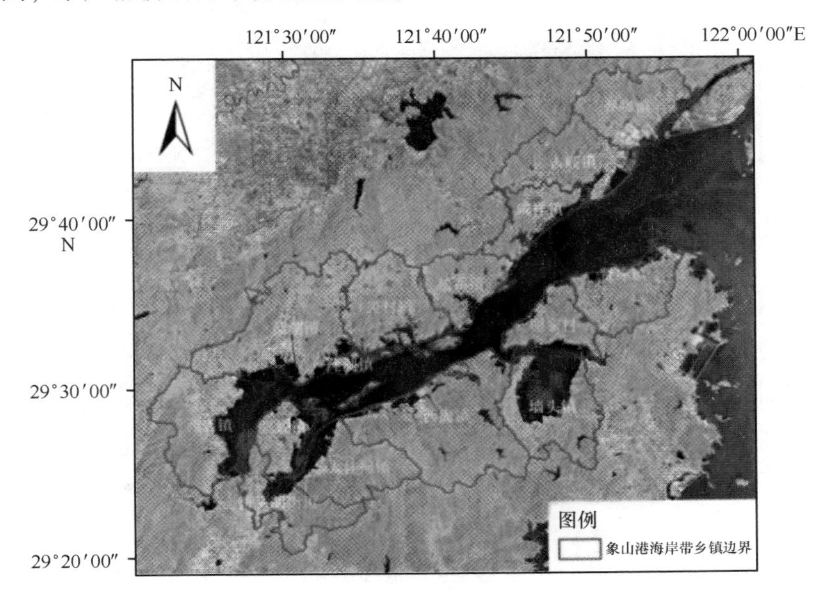

图 3-2 象山港沿海乡镇范围

三门湾是浙江省四大海湾之一，位于浙东沿海，北距定海港 80 海里，南距海门港 34 海里，北靠象山半岛，与象山湾相隔最短的蜂腰宽 10~13 千米，口部有三门岛、五子岛相扼（图 3-3）。三门湾的东、北、西三面环山，深割象山半岛的南部海岸，是曲折度较大、地形复杂的海湾。环三门湾区域处于杭州湾产业带和温台沿海产业带的连接带，是宁波都市经济圈南延和台州都市区北拓的交汇区。宁波市区域所属三门湾部分包括象山南部和宁海南部，是产业复合型、生态友好型、滨海风情型的全国海湾生态经济试验区、国家海洋生物多样性保护示范基地、国家现代农渔业基地、长江三角洲海洋新兴产业基地、海峡两岸交流合作示范基地。

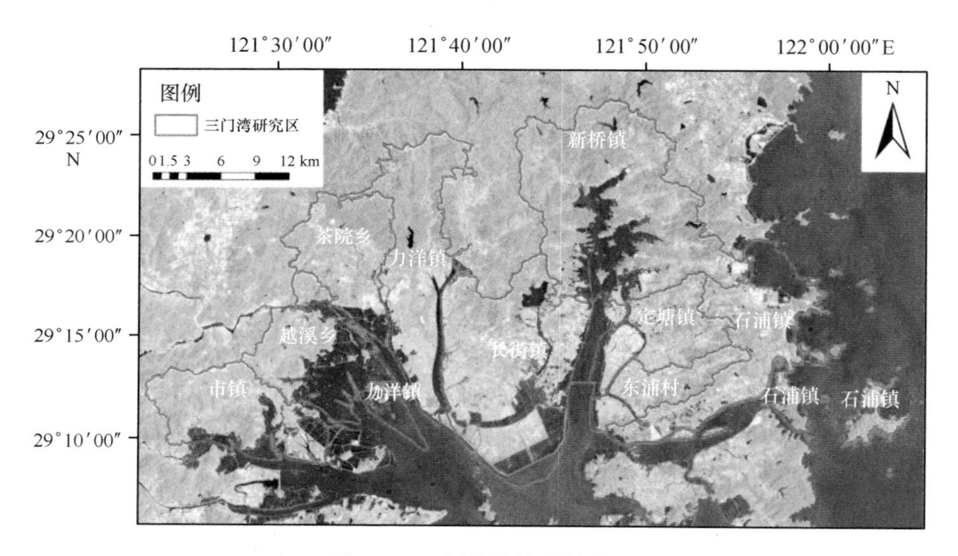

图 3-3　三门湾沿海乡镇范围

1. 生态红线规划与城市总体规划

《宁波市生态保护红线规划》与《宁波市城市总体规划》实质上都是对宁波市域陆域部分的空间管控，但两者编撰规划的侧重点不同，前者从生态安全的角度出发，重点关注生态环境保护，根据不同区域的生态功能分区分级规划为一级管控区和二级管控区。而后者着重考虑城市的发展与建设，根据地域资源环境、承载能力和发展潜力将宁波市域陆域部分划分为禁建区、限建区和适建区。从两者的定义和包含的内容来看，《宁波市城市总体规划》的禁建区、限建区分别与《宁波市生态保护红线规划》中的一级管控区和二级管控区基本等同。其中，禁建区和一级管控区内禁止任何开发建设活动，限建区和二级管控区严格控制建设用地的比例和强度。

将《宁波市城市总体规划》和《宁波市生态红线保护规划》相关图纸叠加后分别提取出象山港和三门湾区域各类用地的相关规划数据（图3-4、图3-5），并且计算出各部分的面积（表3-11、表3-12）。根据前文定义，在上述两种规划中，一级管控区与禁建区重合、二级管控区与限建区重合以及建设用地与适建区重合的区域属于两种规划一致的区域，其他交叉重叠的区域均属于两种规划有冲突的区域。由于《宁波市生态红线保护规划》中的建设用地主要是各乡镇已有建设用地，与《宁波市城市总体规划》中限建区的定义有较大冲突，故将建设用地与限建区交叉的情况列为两种规划不一致的情况之一。

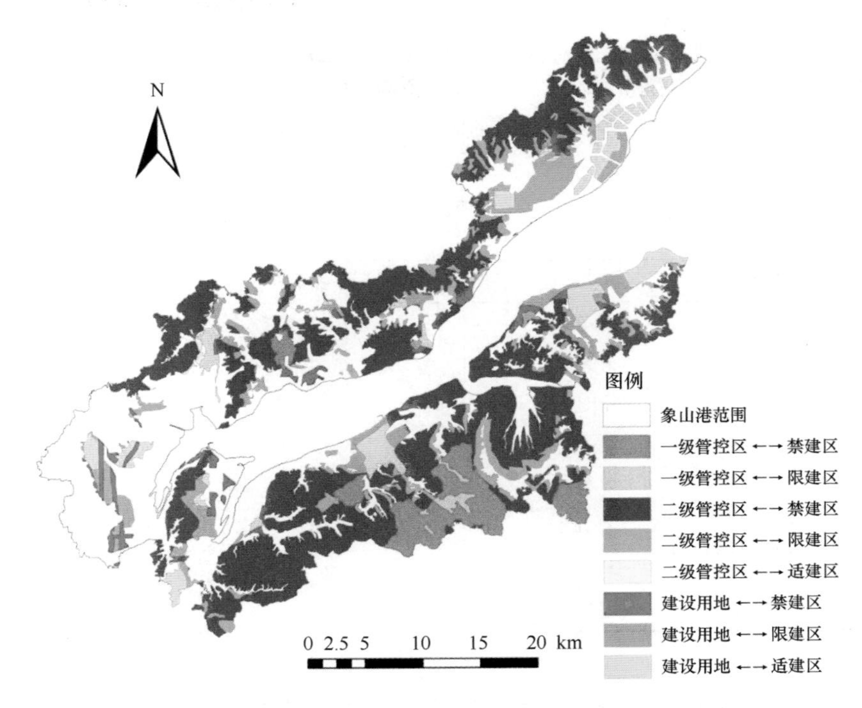

图3-4 象山港生态红线保护和城市总体规划叠加图

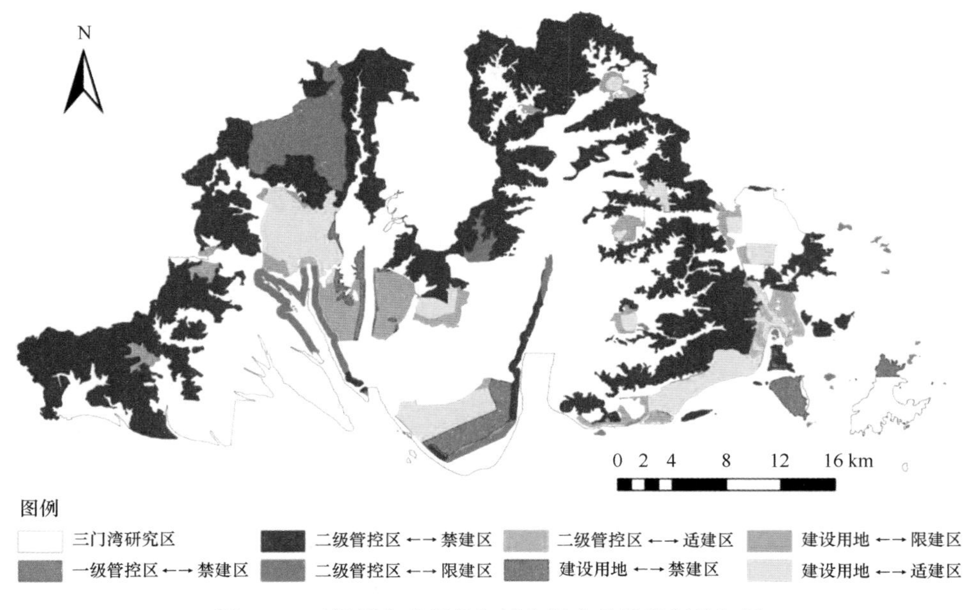

图 3-5 三门湾生态保护红线和城市总体规划叠加图

表 3-11 象山港生态红线和城市总体规划叠加面积表

生态红线规划	城市总体规划	面积（平方千米）	占比（%）
一级管控区	禁建区	62.69	8.66
	限建区	4.69	0.65
二级管控区	禁建区	426.47	58.93
	限建区	66.38	9.17
	适建区	2.28	0.32
建设用地	禁建区	35.61	4.92
	限建区	63.76	8.81
	适建区	61.87	8.55

表 3-12 三门湾生态红线和城市总体规划叠加面积表

生态红线规划	城市总体规划	面积（平方千米）	占比（%）
一级管控区	禁建区	35.75	5.87
二级管控区	禁建区	391.68	64.34
	限建区	22.30	3.66
	适建区	7.90	1.30

续表

生态红线规划	城市总体规划	面积（平方千米）	占比（%）
建设用地	禁建区	27.56	4.53
	限建区	47.30	7.77
	适建区	76.30	12.53

由图3-4可直观看出，在象山港区域，《宁波市城市总体规划》和《宁波市生态红线保护规划》不一致的区域范围远超两者一致的区域。由表3-11可知，象山港区域两种规划一致的区域面积共计190.94平方千米，占比26.38%，约为两者有冲突面积的1/3。两种规划有冲突情况共5种，分别为：①《宁波市生态红线保护规划》中作为一级管控区，而《宁波市城市总体规划》中列为限建区；②《宁波市生态红线保护规划》中作为二级管控区，而《宁波市城市总体规划》中列为禁建区；③《宁波市生态红线保护规划》中的二级管控区所在区域与《宁波市城市总体规划》中的适建区所在区域相冲突；④《宁波市生态红线保护规划》中的建设用地与《宁波市城市总体规划》中的禁建区重叠；⑤《宁波市生态红线保护规划》中的建设用地与《宁波市城市总体规划》中的限建区交叉。其中，二级管控区与禁建区重叠的区域面积最大，占比58.93%；第3种情况和第1种情况出现的概率较其他情况要小得多，仅为0.32%和0.65%；《宁波市生态红线保护规划》中的建设用地与《宁波市城市总体规划》中的禁建区和限建区发生交叉情况的面积分别为35.61平方千米和63.76平方千米，各占4.92%和8.81%。

由图3-5可知，三门湾区域中，《宁波市城市总体规划》和《宁波市生态红线保护规划》有冲突的区域是三门湾区域两种规划叠加图的主体部分。三门湾区域中两种规划完全重合的区域面积共计134.35平方千米，仅占22.06%，两者有冲突的区域面积共计474.44平方千米，占比77.94%（表3-12）。两种规划有冲突的情况共4种，分别为：①《宁波市生态红线保护规划》中作为二级管控区，而《宁波市城市总体规划》中列为禁建区；②《宁波市生态红线保护规划》中的二级管控区所在区域与《城市总体规划》中的适建区所在区域相冲突；③《宁波市生态红线保护规划》中的建设用地与《宁波市城市总体规划》中的禁建区重叠；④《宁波市生态红线保护规划》中的建设用地与《宁波市城市总体规划》中的限建区交叉。其中第1种情况覆盖的面积与其余三种情况差距悬殊，且占全区面积比例最高，达64.34%；

第2种情况覆盖区域面积为7.90平方千米，是冲突情况中占比最小的，仅为1.30%；第3种情况和第4种情况所占面积分别为27.56平方千米和47.30平方千米，各占4.53%和7.77%。

2. 土地利用总体规划与城市总体规划

《宁波市城市总体规划》与《宁波市土地利用总体规划》在编写的内容上都包含安排区内不同土地利用类型的规模和布局，但各自最终要达到的目标不同，前者根据城市性质和发展方向统筹安排规划区内的各项用地的功能分区和各项建设的布局，后者重在通过合理划分土地用途分区，达到管理城市增长、保护耕地的目标。此外，《宁波市城市总体规划》重点关注规划区内土地的用途以及不同区位土地用途的合理空间关系、土地开发的时机等内容，往往缺乏对耕地保护、土地占补平衡的统筹考虑；《宁波市土地利用总体规划》重点关注农用地、建设用地与未用地之间的比例关系，特别是耕地保护，较少考虑与城镇化的关系。

叠加《宁波市土地利用总体规划》（以下简称“土规”）的建设用地与《宁波市城市总体规划》（以下简称“城规”）后，分别提取出了象山港和三门湾区域的各类用地叠加数据图（图3-6、图3-7），并且分析计算出各部分的面积（表3-13）。《宁波市城市总体规划》分为禁建区、限建区和适建区三部分，根据三者的定义，本书认为城规适建区与土规建设用地基本等同。因此，将城规适建区超出土规建设用地的区域作为城规建设用地大于土规允许建设用的区域。两种规划重叠的部分有三种情况：土规建设用地分别与城规禁建区、限建区和适建区重叠。将城规禁建区超出土规建设用地重合的区域作为城规建设用地小于土规允许建设用地的区域，将城规限建区和适建区与土规建设用地重合的区域作为城规建设用地等于土规允许建设用的区域。此处并未将城规限建区超出土规建设用地的面积计入城规大于土规建设用地的面积，主要考虑到城规限建区为限制建设区域，不能将全部限建区作为允许建设的区域，仅将土规建设用地与城规限建区相交部分作为两种规划建设用地重合的区域。

由图3-7可知，象山港区域城规建设用地大于土规允许建设用地的区域与城规建设用地等于土规允许建设用地的区域构成了两种规划建设用地叠加冲突区域的主体，且两者总体面积相差不大，而城规建设用地小于土规允许建设用地的区域规模相对前两者而言则偏小。其中，两种规划中城规建设用地等于土规允许建设用地区域的面积共计54.93平方千米，城规建设用地等

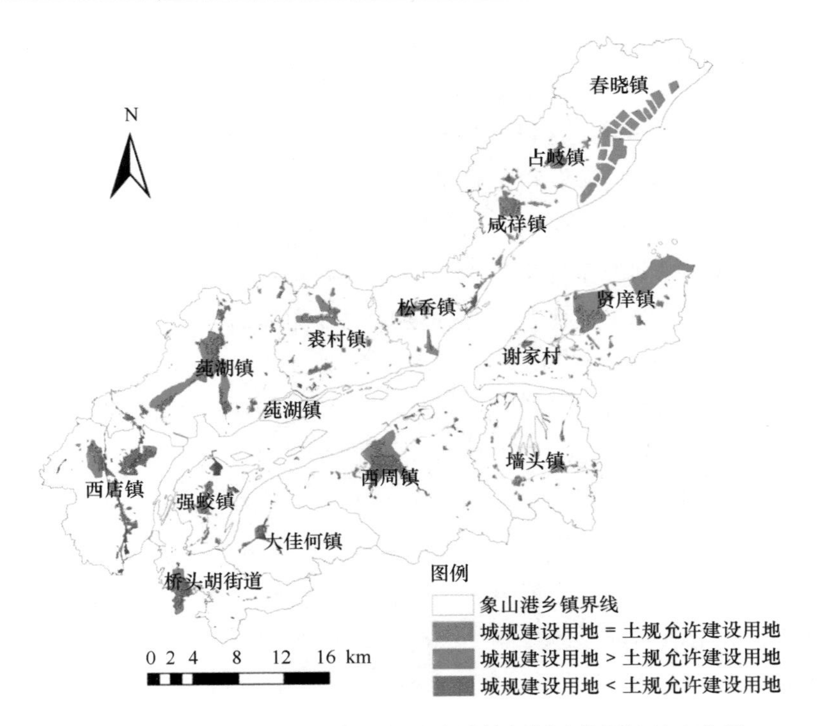

图 3-6　象山港土地利用规划和城市总体规划建设用地冲突分析

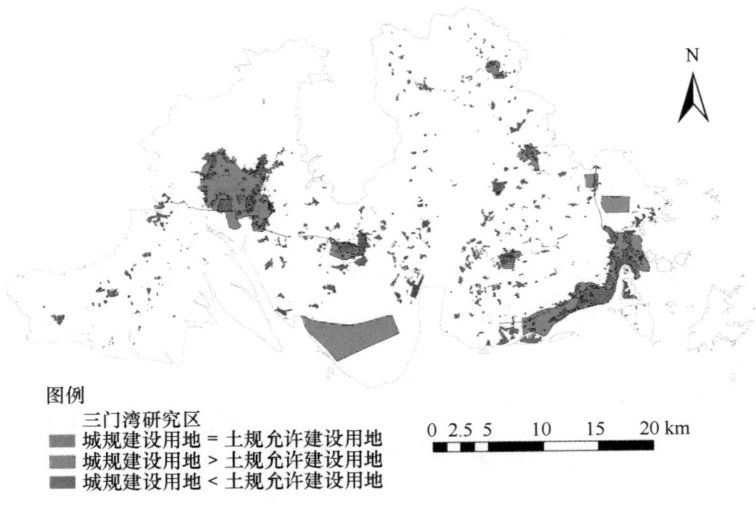

图 3-7　三门湾土地利用规划和城市总体规划建设用地冲突分析

于土规允许建设用地区域的面积共计 49.83 平方千米，城规建设用地小于土规允许建设用地区域的面积共计 20.45 平方千米。从两种用地规划的空间布局上看，象山港区域城规建设用地相对集中，多呈块状分布，土规建设用地相对分散，多呈点状沿海域和交通线分布。

由图 3-7 和表 3-13 可知，三门湾区域城规和土规建设用地规划一致的区域面积小于两种规划发生冲突的面积，冲突面积达 83.41 平方千米，其中城市总体规划适建区大于土地利用总体规划允许的建设用地的区域，面积共计 74.06 平方千米，城规建设用地小于土规允许建设用地的区域面积最小，为 9.35 平方千米。城规允许建设的区域等于土规允许建设用地的区域面积约为两种规划冲突面积的 1/2，面积共计 44.85 平方千米，其中土规建设用地分布在城规适建区范围内的面积为 22.08 平方千米，分布在城规限建区范围内的面积有 22.77 平方千米。从城市总体规划和土地利用总体规划中建设用地规划的空间分布来看，三门湾区域城市总体规划的建设用地相对集中，呈块状集中分布；而土地利用总体规划中的建设用地相对分散，呈碎块状沿海岸和交通线分布。

表 3-13　三门湾土地利用规划和城市总体规划建设用地叠加面积

项目	面积（平方千米）
城规建设用地小于土规允许建设用地	9.35
城规建设用地大于土规允许建设用地	74.06
城规建设用地等于土规允许建设用地	44.85
土规允许建设用地与限建区重合区域	22.77
冲突面积	83.41

3. 宁波市滩涂围垦规划和城市总体规划

不同于《宁波市城市总体规划》重点关注规划区内土地的用途以及不同区位土地用途的合理空间关系、土地开发的时机等内容。《宁波市滩涂围垦造地规划》重在对滩涂围垦区域的规划以及对围垦速度、力度的控制，通过滩涂围垦建造耕地的方式，平衡耕地占比，以解决各项新增建设用地的土地供给不足的问题。

将宁波市滩涂围垦规划图与宁波市城市总体规划图中的市域空间管制图叠加后可得图 3-8 及表 3-14。滩涂围垦规划中的围垦区与城市总体规划中禁建区的交叠区域面积为 16.22 平方千米，围垦区与城规适建区重合部分，面积为 16.88 平方千米，围垦区与城规限建区重叠区域，面积为 61.35 平方千米。根据滩涂围垦后的土地主要用于建设，可以认为围垦区可涵盖限建区和适建区。因此，滩涂围垦规划和城市总体规划相等的面积共计 78.23 平方千米。由图 3-8 可知，江浙滩涂围垦规划中在围垦区与城市总体规划中禁建区的交叠区域主要分布在宁海县长街镇南部沿海区域，宁海县西部一市镇以及象山县东北部也有少量分布，故滩涂围垦规划中围垦区覆盖城规禁建区的面积共计 16.22 平方千米。

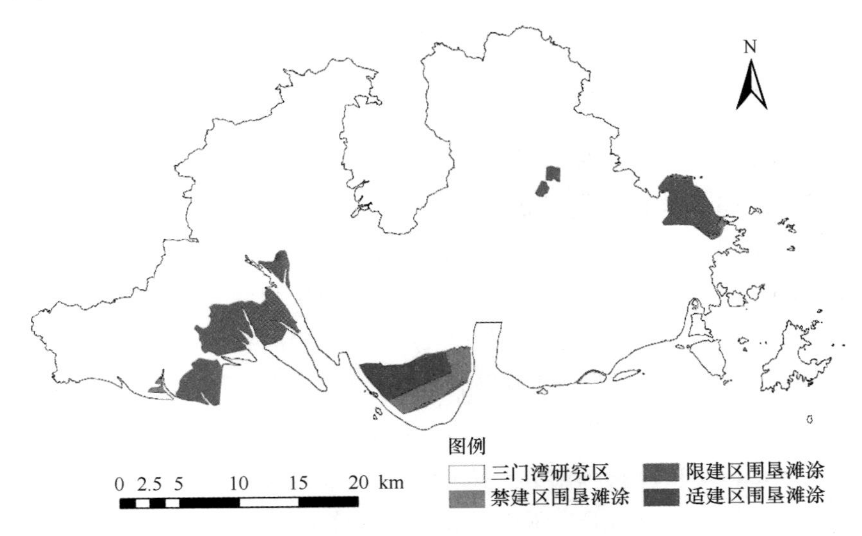

图 3-8　三门湾滩涂围垦规划和城市总体规划叠加范围

表 3-14　三门湾滩涂围垦规划和城市总体规划叠加面积

项目	面积（平方千米）
禁建区	16.22
适建区	16.88
限建区	61.35
总计	94.45

3.3 宁波海岸带利用现状及其规划吻合诊断——杭州湾新区案例

对宁波市海岸带土地利用现状的分析能清晰地揭示海岸带土地利用的变化规律及特点，为土地管理者和政府决策者提供决策参考。同时准确地诊断宁波海岸带利用现状及其规划之间的空间吻合状况，及时发现数量和空间上的不吻合及其原因，可更好地指导土地利用总体规划的进一步实施，更好地谋划未来空间，实现资源利用综合效益的最大化。本节以杭州湾新区海岸带为例，对该区域海岸带土地利用现状及规划的吻合情况进行分析诊断。

3.3.1 杭州湾新区土地利用现状

宁波杭州湾新区位于浙江省宁波市域北部，衔接宁波杭州湾跨海大桥南岸，区内平原和滩涂呈南北向分布，地势自西向东略有倾斜，北部滨海沉积平原系浙东宁绍平原之一，水系发达，呈扇形向北凸出，南面淤涨型滩涂平坦开阔，环平原不均匀分布，滩面西宽东狭。2001 年慈溪受自然因素限制废盐转产，结束产盐历史后，在原庵东盐区成立杭州湾新区（宁波杭州湾新区前身），2009 年成立宁波杭州湾新区管理委员会，全区规划陆域面积约 353 平方千米，海域面积约 350 平方千米，区内现辖庵东镇，常住人口约 17.7 万。杭州湾新区是长三角经济圈南翼三大中心城市经济金三角的几何中心，两小时交通圈覆盖沪、杭、甬等大都市，交通和区位优势突出。

根据分类体系对杭州湾新区海岸带的土地利用现状进行分类统计（图 3-9），并在已有资料的基础上，利用 ArcGIS 软件对杭州湾新区海岸带土地利用现状进行空间分析，获得杭州湾新区土地利用空间分布图（图 3-10）。

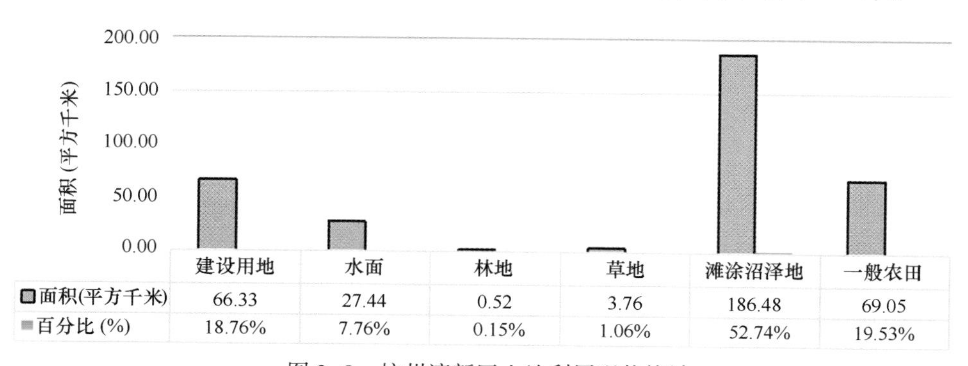

	建设用地	水面	林地	草地	滩涂沼泽地	一般农田
面积(平方千米)	66.33	27.44	0.52	3.76	186.48	69.05
百分比(%)	18.76%	7.76%	0.15%	1.06%	52.74%	19.53%

图 3-9 杭州湾新区土地利用现状统计

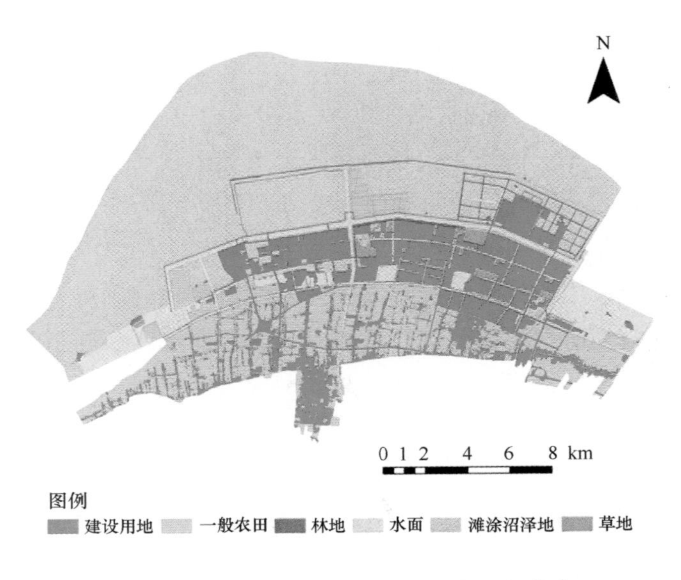

图 3-10　杭州湾新区土地利用现状空间分布

由图 3-9 可知，杭州湾新区内的陆域面积共计 353.59 平方千米，其中滩涂沼泽地、一般农田和建设用地的面积分别为 186.48 平方千米、69.05 平方千米与 66.33 平方千米，在海岸带土地利用类型结构中，占全区海岸带面积的百分比依次为 52.74%、19.53%和 18.76%。这表明，滩涂沼泽地仍然是杭州湾新区内最重要且面积最大的土地利用类型，而一般农田和建设用地的占比也接近 20%。在空间分布上，所占面积最大的滩涂沼泽地主要集中分布于杭州湾新区的北部，即杭州湾南岸海域分界线以南的大片区域，建设用地和一般农田则分别分布于新区的中部和南部区域。其中，建设用地由于所包含用地类型较为多样，包括城市、村庄、公路用地及风景名胜等用地类型，因此分布相对较为分散（图 3-10）。而随着经济社会的发展，一般农田多属于被逐渐占用的类型，建设用地则处于扩张态势，未来杭州湾新区海岸带内的土地利用类型中建设用地的占比将进一步扩大。杭州湾新区内，水面这一土地利用类型的面积为 27.44 平方千米，面积占比为 7.76%，该类型中包括坑塘水面、水库水面以及河流水面等用地类型。在杭州湾新区土地利用类型结构中，所占比例最小的用地类型为林地和草地，面积分别为 3.76 平方千米、0.52 平方千米，只占到总面积的 1.06%和 0.15%。从图上可以看到，林地和草地在新区内处于分散零星分布的状态。

3.3.2 现状与规划吻合诊断

根据2015年土地利用现状图，将其与2006—2020年土地规划进行对比，如图3-11。由图3-11可知，杭州湾新区土地利用现状与土地规划空间布局差异明显，如杭州湾新区南部明显存在较多土地规划范围外的自发建设用地，新区中部存在的差异最明显，规划中应为大片草地和沼泽滩涂的区域在现状中却是成片的建设用地，而对杭州湾新区滩涂沼泽地的围垦开发范围已经超出了土地利用规划所划定的范围。可知土地规划在实际实施过程中存在较大的问题，实施与规划各行其是，结果造成了现状实施与规划之间各用地类型的空间布局交叉或错位，形成难以协调的局面。

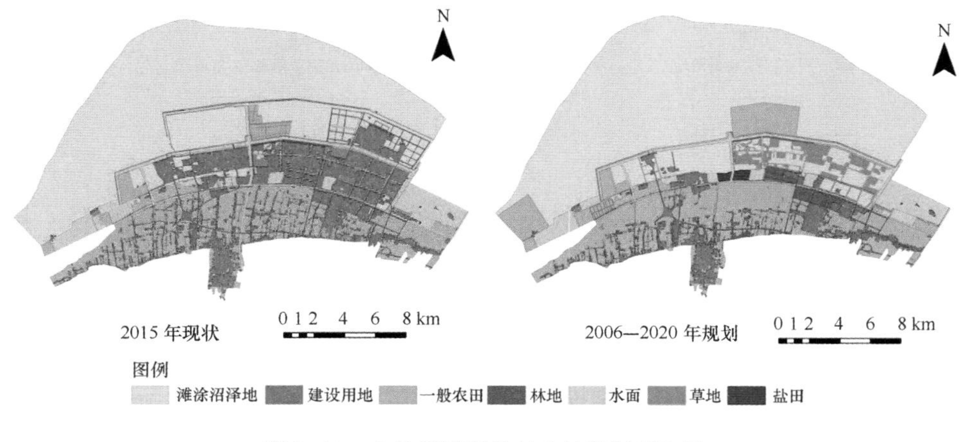

图3-11 土地利用现状与土地规划对比图

通过ArcGIS的空间分析工具将2015年土地利用现状图中的建设用地与2006—2020年土地利用规划中的建设用地进行联合，提取出建设用地现状与规划范围对比图（图3-12）。由图可知，建设用地的现状与规划空间差异较大，通过叠加土地利用现状和土地利用规划发现，二者存在不一致的图斑多达万个，冲突区面积达45.1平方千米，约占区域总面积的13%。其中既有实际建设超出土地规划允许建设用地规模42.6平方千米；又有在土地规划允许建设用地范围内，实际未利用为建设用地的范围2.5平方千米。现状与规划空间的错位和冲突，导致规划的具体实施效率较低，这也是造成土地空间利用效率低下的主要原因。

通过ArcGIS中的intersect工具，可以得到整个规划实施期非建设用地转

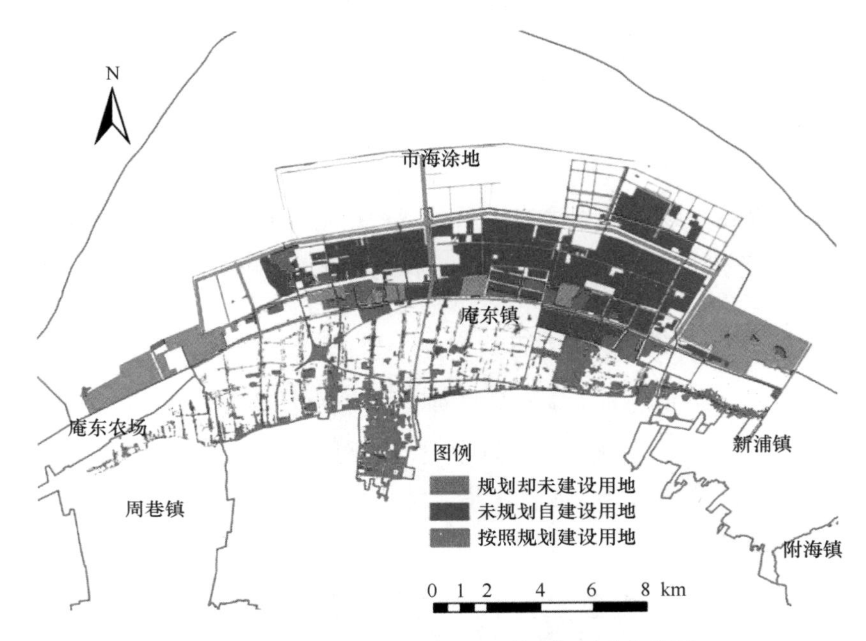

图 3-12　建设用地现状与土地利用规划冲突范围

成建设用地的空间分布图和其他地类通过土地整治转为耕地的空间分布图(图 3-13)。非建设用地转成建设用地的部分主要为草地、滩涂等地类，总面积 42.6 平方千米，以滩涂被新增建设用地占用的部分为主，在空间布局上主要集中在新区中部的沿海滩涂区，满足智慧产业区、工业生产区等重点建设的用地需求。规划其他地类转成耕地的主要为水面和自然保留地，总面积只有 3.16 平方千米。

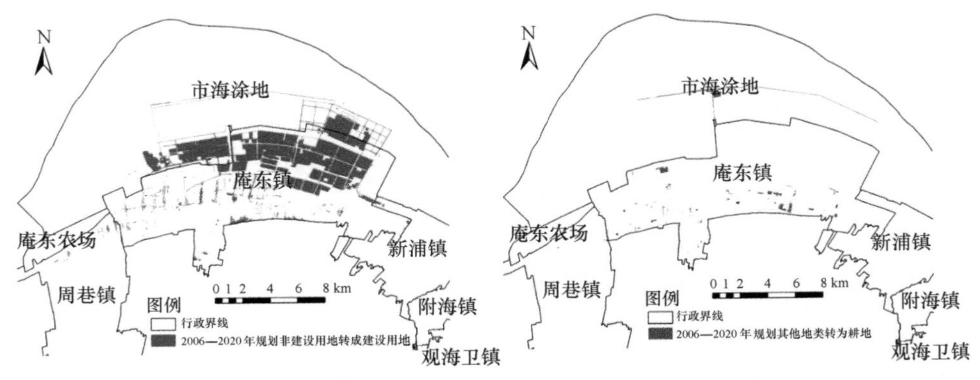

图 3-13　规划 2006—2020 年非建设用地转成建设用地和其他地类转成耕地空间分布图

3.4 宁波海岸带综合利用困境

通过以上对宁波市海岸带开发利用过程中相关部门的（可能）涉海审批事项、海岸带区域地块规划内容矛盾、规划用地与现状用地吻合程度等的分析，可知宁波海岸带开发利用中存在一系列矛盾，影响着海岸带的综合开发。

3.4.1 涉海法律法规间存在冲突

海岸带是一个复杂的系统，具有种类多样的生态系统类型以及多样化的土地利用方式，为了实现海岸带综合管理、更好地保护和利用海岸带资源，国家制定了诸多法律法规，如《中华人民共和国海域使用管理法》[①]《中华人民共和国海洋环境保护法（2016 修订版）》[②]《中华人民共和国渔业法》[③]《中华人民共和国森林法》[④]和《中华人民共和国土地管理法》[⑤]等。相关法律法规的制定为海岸带综合利用提供了法律依据，使海岸带综合利用能够“有法可依”。但与此同时，海岸带综合管理也须做到“有法必依”，那么这些平行法相互之间存在的诸多矛盾与冲突就为海岸带综合利用的实践带来了困难。矛盾之一在于各平行法对同一地块可能同时具有管理权。如《中华人民共和国森林法实施条例》[⑥]和《中华人民共和国土地管理法》关于使用林业用地所需要办理的手续，前者规定只需办理林地批复手续，无须再办理土地使用手续；而后者规定使用国有土地必须办理土地使用手续。矛盾之二在于各平行法对于同一地块所属的土地利用类型的界定不一致。如《中华人民共和国森林法》将生长有少数灌木丛的地面定义为林地，而《中华人民共和

① 中华人民共和国海域使用管理法［EB/OL］. http://www.zhb.gov.cn/gzfw_13107/zcfg/fl/201605/t20160522_343387.shtml. 2001/10/29.

② 中华人民共和国海洋环境保护法（2016 修订版）［EB/OL］. http://www.safehoo.com/Laws/Law/201611/462505.shtml。2016/11/07.

③ 中华人民共和国渔业法［EB/OL］. http://www.gov.cn/ziliao/flfg/2005-08/05/content_20812.htm. 2005/08/05.

④ 中华人民共和国森林法［EB/OL］. http://www.gov.cn/banshi/2005-09/13/content_68753.htm. 2005/09/13.

⑤ 中华人民共和国土地管理法［EB/OL］. http://www.mlr.gov.cn/zwgk/flfg/tdglflfg/200506/t20050607_68174.htm. 2005/06/07.

⑥ 中华人民共和国森林法实施条例［EB/OL］. http://www.gov.cn/gongbao/content/2011/content_1860863.htm. 2011/01/08.

国土地管理法》却可将之划为未利用地。这些法律与法规的冲突就导致了海岸带利用时建设项目审批上的矛盾。

3.4.2　相关规划间相互矛盾

制定规划是合理开发利用海岸带的重要手段之一，海岸带利用过程中的各种开发建设活动均需符合相关规划，这也是建设项目审批的主要依据。目前，我国实行部门并行的规划管理体制，各职能部门围绕着部门的职责和管理权限组织编制和实施各自的规划，对于同一用地空间多种规划同时运行。在规划大类之间，国民经济和社会发展规划、城乡规划、土地利用规划、生态环境保护规划等部门规划，主要由发展和改革委员会、住房和城乡建设委员会、国土资源局和环境保护局等部门分别主导，而各部门的职责和管理权限不同，对于同一规划空间的视角不同，其规划的导向自然存在分歧。可见，目前部门并行的规划管理体制是导致各规划在规划主体、发展目标/指标、技术标准（分类标准、基础数据、地理坐标）、空间布局、规划期限方面不统一、不衔接的重要原因之一。与此同时，不同规划编制时都以相关法律法规作为重要参考，而这些法律法规本身存在冲突，造成当前各大规划间矛盾突出、难以协调的局面。究其根源，主要是基础性、全局性的上位国土空间规划缺失，致使各项规划缺乏共同的认知体系和有效的支撑平台。

3.4.3　基础数据缺乏融合平台

基础数据是规划编制、实施以及城市管理的基础。但各部门基础数据获取方法、土地分类标准、地理信息系统不统一，使得各部门基础数据信息存在差异，加之各部门规划的编制原则、编制依据、规划期限以及规划空间布局方面的差异，导致各部门彼此之间难以对接和协调。以土地利用总体规划与城乡规划为例，基础数据的获取方面，土地利用总体规划是国土部门利用遥感和实地核查获取的土地详查资料及土地利用变更调查的更新成果，数据的精度和现势性不够；城乡规划部门利用地形图、地籍图、遥感影像，结合实地调查获取的数据，基础数据的广度不够，缺少城镇之外的必要数据。从规划期限来看，土地利用总体规划的规划期一般为 10 年，城乡规划的规划期一般为 20 年，两者编制时期和规划期限不一致，且两者相较其他规划如经济社会发展五年规划的编制时期长，规划可能与实际脱节严重。此外，两个部门采用的土地分类标准也不同，导致两套数据存在较大差异，同样的情况在其他部门也很常见。这些差异导致部门之间地理信息数据共享渠道不畅，而各规划彼此间又缺乏相互融合的平台，使得建设项目审批部门分割、审批依据不一致，增加了审批的复杂性，导致项目选址难、落地更难。

3.4.4 建设项目审批手续过繁

在建设项目审批的实际操作中，一个建设项目往往涉及多个规划部门，各部门审批所需申请材料相差较大，由于各规划部门的规划审批依据不一致，导致项目审批程序繁杂，过程反复，行政效率低下。通常情况下，每个项目审批会涉及发展和改革委员会、国土资源局、规划局、建设局、环境保护局等20多个部门，且有些部门涉及从县、市、省、国家等层层上报申请会签，完成整个审批流程需要经过近百个行政审批环节，而且各部门按照各自规划分头审批，没有合作通道，导致流程上多有互为前置现象，导致申请人在各部门间来回盖章、反复协调，需耗时数十个甚至上百个工作日，造成投资建设成本高、行政效率低的问题。此外，一些项目存在部、省、市、县职能交叉的问题，若上下级沟通不畅就会导致审批冲突，实践中大多以修改规划解决，削弱了规划的权威性。

3.4.5 海岸带综合利用效率相对较低

各地现行的海岸带管理体制采用条条管理为主，条块结合的管理方式。由于缺乏必要的统一与协调机制，条块分割的分部门管理体制使不同部门之间、不同区县之间及邻近省市之间在海岸带使用与管理上易产生冲突。例如按照现行有关法律、法规，目前负责海岸带管理的部门多达20个，各部门因职责和分工不同，都对海岸带地区进行不同目标或对象的管理。如海洋行政管理部门，主要职责是综合管理国家海洋事务，制定并实施相关政策、方针、区划和规划等；国土资源部门主要涉及海岸带的滩涂资源、海洋石油勘探开发等；交通部门主要涉及海上运输及船舶的安全、秩序等；农业部门具有海岸带地区渔业资源的开发与保护的职责等；旅游部门涉及滨海旅游的开发与管理。不同的部门因其职责不同，在管理中往往会造成管理上的“真空”或重叠，使得各利益相关者之间矛盾不断。如沿海企业排污造成海域污染与滨海旅游、海水养殖之间，海水养殖与港口开发之间，港口开发和生态保护之间产生的纠纷等等。随着开发程度的加大，诸如此类的问题与矛盾不断突出。

整体来看，法律法规之间的冲突是造成宁波市海岸带综合利用困境的根本原因，规划部门各自为政、各行其是是造成规划间矛盾与冲突、建设项目行政审批手续繁杂、流程不畅通而降低海岸带综合利用效率的主要原因，而海岸带缺乏统一与协调机制的低效率管理方式则加剧了海岸带综合利用效率低下的程度。考虑到实际问题，从法律法规层面上解决此难题可行性不高，而改革我国目前实行的多部门并行的规划管理体制，构建开放平台共享规划成果，实行“多规合一”不仅能协调各部门间的规划矛盾且具有可操作性，有助于宁波市跳出海岸带综合利用困境。但现有几种规划既有联系又有区别，各有其侧重点，优势与局限并存，若仅将这几种平行性质的规划简单地“整合”、“协调”，难以实现顶层设计、整体布局和长远谋划的目的。因此，全面创新区域功能综合性规划体系，势在必行。

4　宁波海岸带统筹发展战略与总体布局

4.1　统筹发展背景

4.1.1　实施统筹发展意义

能够更好地指导宁波市海岸带经济社会发展。海陆统筹规划最重要的目的是能有效促进海岸带地区的协调发展，促进海岸带地区多类规划融合甚至合一、功能布局科学、产业结构升级、沿海产业带优化，为科学制定沿海地区的发展战略提供保障。

有利于提升滨海地区环境保护与防灾减灾能力。海陆统筹规划能将滨海地区环境保护、防灾减灾、围填海工程等规划的目标、措施充分衔接，实现污染源整治、环境监测、生态修复等各个环节衔接，统筹海岸带环境保护及灾害预报、环境监测、基础设施建设、救灾能力等，全面提升规划融合对海岸地区可持续建设的指导作用。

促推宁波市海岸带综合管理机制的加速形成。系统梳理宁波市涉海行政主管部门的职责，厘清海陆环境、海陆防灾减灾、海陆资源管理、海陆规划与建设等机构的三定情况，进而建立系统、合理的海岸带综合管理机制，提高政府运行效能，优化海岸带地区规划编制、实施程序，促进规划引领海岸带地区健康发展。

探索海岸带多规合一、监测与评估等机制建立要点。海岸带地区海陆统筹包括涉海规划融合、海岸带土地与资源环境监测及评估、综合管理立法与执法、组织架构建设等，是海岸带地区综合管理机制的核心组成，海岸带地区海陆统筹有利于探索海岸带综合规划与管理机制的要点。

4.1.2 面临机遇与挑战

长江经济带、海上丝绸之路、舟山江海联运服务中心建设带来的机遇。在经济全球化深入推进的背景下，各国、各地区都把扩大对外合作、提高国际化程度、加快区域一体化进程作为国家战略的共同抉择，至今全球已建成了 1 200 多个自由贸易区。当前，宁波已经成为中国实施长江经济带、海上丝绸之路等战略的关键节点城市和舟山江海联运服务中心建设重要支撑枢纽，这为宁波市海岸带的发展提供新动力和新机遇。

中国制造 2025、海洋经济示范区等进一步实施带来机遇。宁波已成为浙江海洋经济示范区建设核心区、中国制造业 2025 试点城市、“一带一路”建设综合试验区。未来 20 年宁波海洋经济、现代制造业发展要再上新台阶、再创新辉煌，必须创新思路、转变发展模式，由调整产品结构和改造传统产业，转变为发展战略型新兴产业和培育新的经济增长点；由改革体制机制和激发内部活力，转变为加大开放合作力度和积极借助外力；由保障民生和维护社会稳定，转变为提升生活品质和建设和谐社会。创建中国制造 2025 试点城市和海洋经济发展示范区的新目标既给宁波海岸带管理提出了新要求，也为海岸带建设提供新机遇。

蓝色经济和国际湾区发展进一步深化相关机遇。海洋是人类在地球上最后开辟的疆域，21 世纪以来大多数国家都在向海洋进军、发展海洋经济。国家“十二五”、“十三五”规划中明确强调要加快海洋经济发展，建设生态海湾。海洋经济的发展将为宁波海岸带开发提供新的机遇，国际湾区绿色发展更是要求海岸地区从注重扩大生产空间向关注生产、生活和生态空间并重转型，从优化投资环境向继续优化投资环境与同步改善人居环境并重转型，从而为走新型海岸带开发道路提供机遇。

浙江省滨海都市区建设和产业集聚区优化发展带来的机遇。以浙江沿海经济带、宁波都市区建设为引擎，带动浙东地区实现跨越发展的新空间布局模式进一步明确了重点发展区和辐射带动区的范围，强化了宁波都市区和浙江海岸带的空间联系，为宁波海岸带集聚优势、加快发展提供了机遇。围绕海洋装备制造、港航物流等产业提升省级产业集聚区的产业发展目标以及有关政策的配套，为宁波市发展具有区域特色的港航物流产业、新材料产业、海洋工程装备业、海洋旅游休闲产业等创造机遇。

宁波海岸带的发展还面临如何降低东海地缘政治环境波动对区域经济影

响，如何缓解浙江沿海地区产业同构所激化的恶性竞争，如何在高目标要求下保持中高的经济增速，如何通过科技创新实现海洋经济的战略性突破，如何协调促进自身发展与辐射带动周边地区发展的关系等诸多挑战。

4.1.3 发展现实基础

港口优势明显。宁波位于长江流域和我国东南沿海 T 型交汇处，具有江海联运优势，内外辐射便捷，是建设港口经济圈和义甬舟开放大通道的关键节点，战略地位特殊。港口资源优越，所在区域港口集装箱吞吐能力可达 3 000 万 TEU，已与全球 100 多个国家和地区的 600 多个港口有贸易往来。2017 年，宁波—舟山港宁波港域货物吞吐量和集装箱吞吐量达到 10.1 亿吨和 2 460.7 万 TEU。

经济社会发展水平高。宁波滨海地带既是全市改革开放前沿，又是全市综合实力最强、基础设施较为完善的城镇密集地带。宁波市的石化、装备、汽车、新材料、能源等临港先进制造，国际贸易和港航物流，跨境电商、保税物流、冷链物流、融资租赁等业态主要集聚在滨海地区各类开发区之中，是浙江省重要的石化、汽车、装备、新材料制造基地，也是中国重点建设的港航物流、金融保险等现代服务业集聚区。

资源禀赋独特。宁波市海岸带具有“山、海、滩、岛、湾”等资源优势。土地和围涂（用海）资源丰富，适宜规模化、基础化开发。创新要素也逐渐集聚于杭州湾新区、宁波北高教园区和梅山海洋生态科技城，科教人文优势日渐突出，发展空间和发展潜力大。

4.2 战略目标

4.2.1 指导思想

以“创新、协调、绿色、开放、共享”发展理念为指导，统领海岸带利用与保护全局，坚持以人为本、尊重客观规律，按照海岸带资源环境禀赋严格保护和合理利用相协调、陆域功能建设与海域功能完善相统筹、生活岸线与生产/生态岸线配置相结合、宜居与宜业/宜游环境营造相促进、海岸建设繁荣与岸线景致美观相融合的要求，合理优化海岸空间结构，着力推进功能分区和功能板块建设，积极培育湾区竞争力和持续发展能力，打造经济发达、社会和谐、生态美好、人民幸福的沿海发展轴，实现宁波海岸带的高品质建设，为宁波全面建设“名城名都”“一圈三中心”提供持续动力，为长江经济带与海上丝绸之路实施提供有力支撑。

4.2.2　规划与管理的原则

坚持因地制宜、分类管制的原则。根据滨海乡镇不同的资源环境条件、保护与利用的适宜性，实施功能分类管制，确定不同板块、岸段、岸线的功能定位，合理控制开发强度，规范开发秩序，推进功能区建设，形成科学合理、集约高效、健康有序的海岸带利用格局，实现滨海乡镇功能分工合作中出优势，海岸土地空间结构调整中出效益。

坚持集约利用、循序渐进的原则。走新型城镇化道路，循序渐进地推进海岸带的建设，确保高效、集约开发。控制过大的园区规模，引导企业向省级及以上开发区集中布局，提高园区空间利用效率；提升滨海特色小镇建设质量，引导城镇建设首先利用存量建设用地。

坚持保护优先、持续利用的原则。对具有重要生态功能的岸段实施严格保护，对各类蚕食生态型岸线的行为坚决取缔。对没有纳入保护区范围但实际发挥重要生态功能的岸段，一并作为保护区实施保护。按照海岸线适宜性与海岸带资源环境承载能力，控制海岸带利用的规模和强度，确保海岸带资源环境的可持续利用。

坚持合作联动、统筹协调的原则。加强区内区外的联动发展与一体化合作，加速宁波都市区与长三角国际湾区海岸带一体化管理进程。加强海岸带陆域部分与海域部分的统筹，实现陆域和海域统一规划、统一功能、统一管理。加强不同功能内部的统筹，合理布局海岸带保护和利用功能，避免海岸海洋空间开发失衡。

4.2.3　功能定位

国家“一带一路”倡议重要承载区。按照国家“一带一路”支点和长三角南翼中心都市区的定位要求，发挥港口、开放、产业组合优势，加快推进保税港区、保税区、自由贸易港建设；积极探索和创新宁波、舟山、上海合作的新机制、新模式，在重要领域和关键环节率先取得突破，为推进“一带一路”“名城名都”“一圈三中心”建设提供动力。

长三角南翼宜居宜业宜游的国际港湾与海洋性都市区。利用丰富多样的海陆景观，营造和维系多种近海、亲海、蓝色港湾空间，打造中国长三角南翼高品质生活、滨海旅游休闲、新型国际经贸合作与先进海洋制造、研发的集聚带。优化园区、港区、城区、旅游区、农业区和生态保护区的空间布局，推进一体化建设和统筹发展，以多元的现代海洋文化、和谐的居住氛围、完善的配套服务、良好的工作环境和优质的基础设施，满足不断上涨的发展需求。

浙江省海岸带持续利用的示范区。破解保护与利用双重目标要求下的发展难题，化解海岸带不同岸段/湾区、不同功能之间的矛盾冲突，坚持不以牺牲后代人发展的生态基础为代价、不以牺牲生产生活的环境质量为代价换取经济增长，按照绿色发展的要求，积极探索国际港湾经济社会、资源环境全面协调发展的路径，为世界各国利用海岸带创造成功经验。

4.2.4　发展目标

顺沿海发展之势、扬岸线港口资源之长，大胆创新、着力发展港航与自由贸易，到2020年，把宁波海岸带建设成为空间结构有序、海洋经济实力雄厚、人居环境优越、管理高效的海洋性城镇密集带。

打造有序的空间结构。基本形成以海岸线为轴，向内陆和海洋延伸拓展的成片保护、集中开放、进度有序、疏密有致的海岸带保护与利用的战略格局；基本实现海洋与陆地的统一管理、统一建设，围填海规模得到有效控制。浅海养殖岸线、港口岸线、城镇建设岸线、旅游景观岸线、生态保护岸线实现统筹配置、科学安排。

建设集约高效的功能板块。基本形成六大板块保障三类空间（生态、生产、生活）的基本格局。工业开发、城镇建设以及港口物流板块保障海洋经济增长、就业与宜居；旅游休闲、海洋渔业板块保障海洋旅游服务和优质农产品供给；生态保护板块保障海岸海洋生态安全。提升三类空间六大板块之间的功能衔接水平，围绕国际湾区加速多功能复合空间治理。

推进海岸海洋管理改革，构建高效海岸海洋管理机制。立足市域“多规融合”，构建支撑海岸海洋健康发展的综合管理体系。着力推进海岸带综合管理体制优化、海岸带利用与保护决策科学化、海岸海洋执法协同与高效，全面提升海岸带综合管理对海洋经济示范区建设的保障效率。

4.3　形成有序海岸功能板块与空间结构

4.3.1　划分依据

海岸带是一个难以定量其具体地理边界的概念，因此功能板块划分以宁波市滨海乡镇为研究范围，分析的基本单元与功能区分类的基本单元均以滨海乡镇或街道为据。

宁波市海岸带功能区划分主要依据海岸带的自然条件地域分异和海洋资源环境对开发活动的空间限制和强度约束，主要考虑：①自然本底条件——对地形条件、生态系统重要性、生态脆弱性以及海岸线资源利用适宜性分析，揭示海岸带地域的功能定位趋向。②保护利用现状——海岸带土地利用反映了海岸地域功能类型的现状轮廓，依据土地利用合理性和建设强度，判定地域的功能类型归属。依法设立的各类自然文化资源保护区域、林地、内陆滩涂以及地形坡度不宜耕作坡地属于重点保护类型；耕地、园地、农村居住用地以及适于旅游休闲和水产养殖的区域划归适度开发类型；城镇、工矿和港口物流用地，人口和产业集聚程度高，建设强度大，属于重点建设类型。③开发建设增量——依据自然本底条件、后备适宜建设用地潜力和近海海域环境质量评价结果，统筹考虑沿海经济发展战略及对海岸带开发建设的总体布局指向，综合权衡和核定城镇建设、产业园区和港口物流设施布局对国土空间占有的增量规模和拓展方向。

4.3.2　区划方案

根据区划依据生成宁波市海岸带“三生”空间结构及其六型功能板块如表4-1所示。生产类海岸包括城镇建设、临港工业、港口物流等功能板块，生活类海岸包括农渔、滨海旅游等功能板块，生态类海岸主要包括生态重要或生态脆弱海岸地块，以及用于未来发展的储备海岸。

表 4-1 宁波市海岸带功能区划方案

	生产	生活	生态	储备
鄞州		瞻岐镇		咸祥镇
镇海	澥浦镇（M2）、蛟川街道（M2）、招宝山街道（M3）			
北仑	戚家山街道（M2）、新碶街道（M2）、霞浦街道（M2）、柴桥街道（M2）、大榭街道（M2、M3）、梅山乡（M2、M3）、白峰镇（M1、M3）、小港街道（M2、M3）	春晓镇		
余姚	小曹娥镇（M2、M3）		杭州湾	临山镇、黄家埠镇、泗门镇
慈溪	杭州湾新区（M2、M3）		市海涂地	庵东镇、新浦镇、逍林镇区农垦场、附海镇、观海卫镇、掌起镇、龙山镇
奉化	松岙镇（M3）		裘村镇、莼湖镇	
宁海	一市镇（M1）、越溪乡（M1）、长街镇（M1）、力洋镇（M1）、茶院乡（M1）	大佳何镇		强蛟镇、桥头胡街道、梅林街道、西店镇
象山	石浦镇（M3）、西周镇（M3）、贤庠镇（M1）、涂茨镇（M1）、晓塘乡（M2）、东陈乡（M1）	丹东街道、爵溪街道	高塘岛乡、鹤浦镇、墙头镇、泗洲头镇	定塘镇、大徐镇、新桥镇、黄避岙乡、茅洋乡

注释：桃源街道、胡陈乡、深甽镇、塘溪镇、骆驼街道、庄市街道、九龙湖镇和大碶街道等 8 个乡镇地处内陆，暂不纳入。未考虑 2016 年宁波市行政区划调整对鄞州、奉化乡镇归属影响。

4.3.3 空间结构与功能板块发展方向

三类功能空间六型板块的结构如图 4-1 所示，各板块功能设定与内涵要求：

（1）生态空间即重点保护板块，发展方向是强化生态保护、水源涵养、海陆环境一体化。

（2）生活空间，即适度开发型板块，包括特色农果业、海洋渔业、滨海旅游业板块，发展方向为完善农田基础设施，打造高产稳产粮食核心区；推进特色农果业、水产养殖业的规模化生产经营，切实提升农业渔业现代化发展水平；推动农渔业仓储物流和加工能力建设，促进产业化发展；加快滨海旅游休闲设施建设和旅游服务业发展，推进新城发展与旅游功能的融合，形成高品质旅游特色小镇和滨海都市旅游圈。打造海岛旅游链，提升海岸带旅游吸引力，统筹考虑农村居民点，适度集中、集约布局。

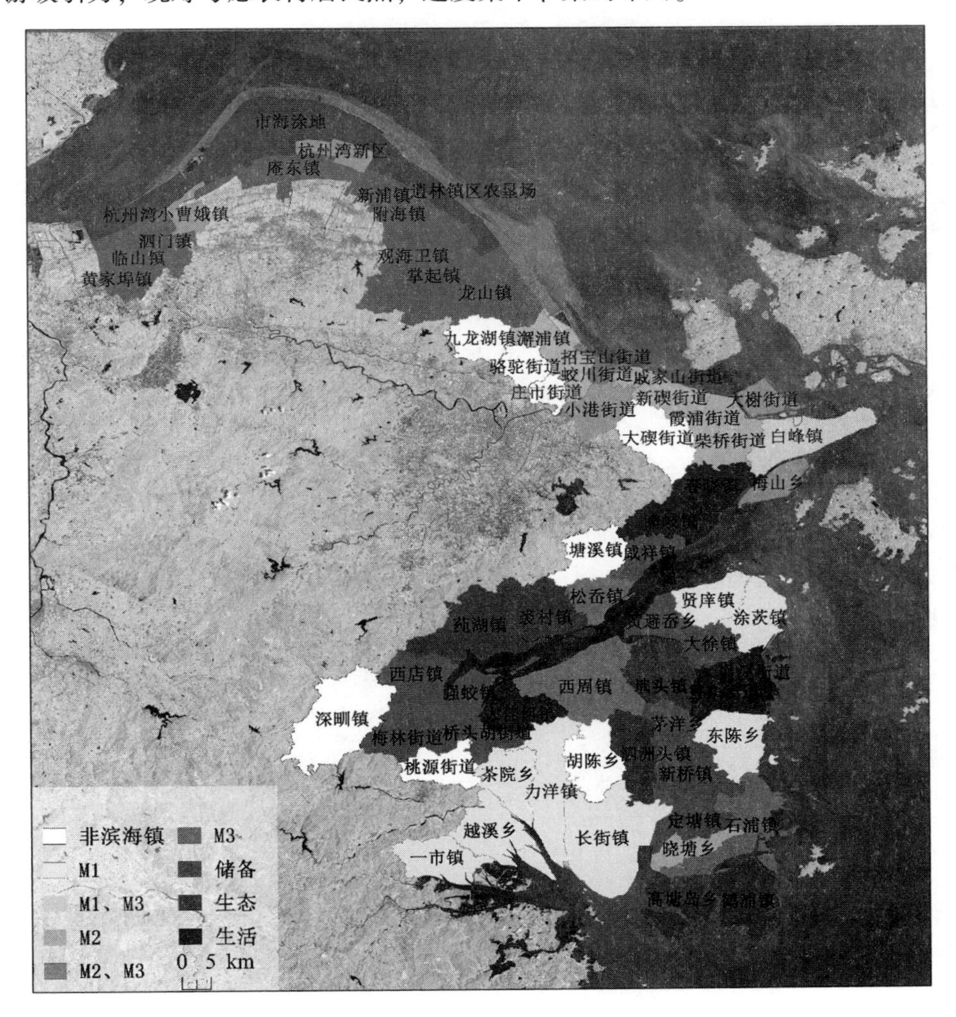

图 4-1　宁波市海岸带功能区划初步方案

注释：M1-农渔板块；M1、M3-农渔、旅游混合型板块；M2-临港工业板块；M2、M3-临港工业与城镇建设板块；M3-海洋旅游板块

（3）生产空间即重点建设型板块，包括城镇建设、工业园区、港口物流，应提升临港先进海洋制造业和国际湾区宜居都市建设的质量与人口/产业的集聚度，发展方向为分类引导各类工业园区发展，提升综合类园区的整体实力和竞争力，提高专业类园区产业集群质量，扩大新兴潜力类园区建设规模，建设海岸带国家级先进海洋制造业与新材料基地；协调推进湾区特色小镇和中心城市建设，整合港口—产业集聚区—特色小镇，提升滨海城镇带质量与结构，打造宁波蓝色海岸发展轴带。

4.3.4　功能板块管制原则

重点建设型板块管制政策：加大对重点园区的重大项目布局比例，探索宁波滨海地区水资源与水环境统筹配置、治理机制，提升海岸综合规划调控能力。跨乡镇统筹围垦海域，对重点建设区的用地指标给予倾斜，对重点开发区围填海指标予以适度倾斜。设立产业结构调整基金，推进产业层次的提升和经济增长方式的转变。大力发展港航产业与国际物流保税贸易，推广重点行业清洁生产技术，依法开展强制性清洁生产审核。

适度建设型板块管制政策：加大对本区域的财政转移支付力度，提高政府投资用于农业渔业、生态环境保护的比例，重点扶持农业综合生产能力建设、公共服务设施建设、旅游基础设施建设、海洋新能源试点建设等。鼓励民间投资，促进海洋渔业、旅游业的发展。加强职业教育和培训，增强劳动力跨区流动能力。

重点保护型板块管制政策：建立健全有利于切实保护生态环境的奖惩机制，严格控制海岸线使用，严禁占用自然保护区从事开发建设或围填海活动。加大对重点保护区的生态补偿力度，加大各级财政对生态修复、建设的投入力度，逐步建立健全稳定的生态环境保护基金和投入渠道。加强海岛义务教育与职业教育，鼓励人口到特色小镇或滨海城镇定居。

5 宁波海岸带多规融合管控与顶层设计

5.1 国内外海岸带综合管控案例借鉴

海岸带地区一直是全球人口密度最高，发展最快的地区。随着人口的激增和城市的扩张，对滨海地区的资源、环境和生态产生了巨大压力。基于海岸带和岸线资源的生态脆弱性和经济的战略价值，自 20 世纪 70 年代以来，国外逐渐发展了海岸带综合管理（Intergrated Coastal Zone Management，ICZM）的理论与方法体系。

5.1.1 美国

美国是世界上海洋经济最发达的国家之一，很早就开始了海洋综合管理的实践，是海洋管理理念的倡导者和率先践行者。在 20 世纪 60 年代，美国已经认识到海岸带的过度利用带来了沉重的资源和环境压力。因此，从 20 世纪 70 年代开始，美国通过立法、规范执法和公众参与等手段，加强对海岸带区域的管理和保护，成效显著。

（1）建立海岸带管理法律体系。1972 年 10 月 27 日，美国国会颁布了世界上第一部《海岸带管理法》（CZMA），首次提出“海岸带管理”一词，从而使海岸带管理作为一种正式的政府活动首先得到实施，标志着海岸带管理新时代的开启，从此也推动了世界各国 ICZM 的发展。根据该法，美国建立了以州为基础的分散型海岸带管理体制，由各州编制并执行与联邦一致性的各级海岸带管理计划，而这些海岸管理计划自此成为美国海岸带管理的最基本方式。美国在实施《海岸带管理法》之后，相继修订了《大陆架土地法》和《海洋保护、研究和自然保护区法》，制定了《国家环境政策法》《国家海洋污染规划法》《深水港法》《渔业保护和管理法》等法律，形成了比较完备的有关海岸带综合管理的法律体系，对有效控制海岸带的过度开发和环境的持续恶化起到了明显的积极作用。

（2）规范了执法程序。美国强调对海岸带开发活动和经济建设的科学规划，在规划过程中都要运用科学的方法和模型进行严格的论证、评估和预测，而且在规划批准实施后，所有的利用活动都必须严格忠实地按规划执行，这对海岸带的有序开发起到了重要保障作用。美国具有严格的涉海开发行为审批程序，重视对海岸带区域的环境和资源开发状况的有效监督和评估。

（3）强调公众参与。美国在制定《海岸带管理法》时，充分认识到公众参与海岸带管理的必要性和重要性。海岸带管理法的思想政策之一就是“鼓励公众、联邦政府、州和地方政府及地区机构共同参与制定海岸带管理规划”，不仅推动了海岸带管理计划的进程，更为谈判解决开发利用中的矛盾提供了条件，这也是美国海岸带管理的特色所在。

5.1.2 中国海南

中国海南省海岸线较长，海岸带资源丰富、类型多样。随着经济社会的快速发展，海岸带利用同岸线资源和生态环境保护的矛盾日益凸显，海岸带面临着巨大的生态环境压力。为加强海南省海岸带的综合管理，有效保护和合理开发海岸带，保障海岸带的可持续利用，根据有关法律法规，结合海南经济特区实际，在 2013 年施行了《海南经济特区海岸带保护与开发管理规定》。为加强海岸带环境资源的保护，规范海岸带开发利用管理，海南省人民政府在 2016 年印发了《海南经济特区海岸带保护与开发管理实施细则》，要求进一步落实、细化和完善海南省海岸带保护与开发法规政策，建立海岸带保护与开发长效机制。

海南省将海岸带的保护与开发纳入海南省及市县总体规划，划定海岸带生态保护红线，严格限定开发边界，实施严格保护措施。海岸带陆域 200 米范围内的Ⅰ类生态保护红线区，禁止与保护无关的各类开发建设活动；Ⅱ类生态保护红线区，禁止工业生产、矿产资源开发、商品房建设、规模化养殖等开发建设活动。因国家和省重大基础设施、重大民生项目以及法律、法规规定的情形，选址无法避开已划定的生态保护红线区的，均要报海南省人民政府批准。

确立了海岸带开发管控规则协调保护与开发。一是妥善处理生态保护红线已有建设活动，引导和鼓励其退出生态保护红线区。二是对海岸带陆域 200

米非生态保护红线区范围内的建设进行严格限定。除港口、码头、滨海机场、桥梁、道路及海岸防护工程涉及基础设施和民生项目等七类情况以外，不再规划新建建设项目。三是合理规范河口、潟湖、半封闭海湾等特殊区域开发管理。四是合理划定村庄建设边界。

确立了海岸带综合管理长效机制。省政府及沿海市/县政府同步加强对海岸带保护与开发管理工作的领导和组织、协调。省政府负责海岸带保护与开发的统筹规划、政策制定和监督管理。沿海市/县政府是海岸带保护与开发管理的责任主体，负责海岸带保护与开发管理的组织领导和监督管理，严格海岸带开发利用的审批监管，加强海岸带环境资源修复和保护，建立健全海岸带保护与开发管理长效机制。省政府和沿海市/县政府发展和改革委员会、规划局、国土资源局、环境保护局、海洋局、渔业局、建设局、旅游局、交通运输委员会、水利局、林业局、农业局等有关主管部门按照职责分工，依法行使职权，落实海岸带保护与开发管控要求，加强海岸带保护与开发的监督管理。同时，应根据机构“三定”改革进一步优化相关事务。

加强了海岸带开发监管和保护，切实保护生态环境。建立健全海岸带保护与开发管理日常巡查制度，及时发现、制止并依法查处侵占、破坏海岸带的行为。标明海岸带保护界区、建立标识并发布公告，采取措施严格保护。规范海岸带水产养殖和畜禽养殖，禁养区禁止各类水产和规模化畜禽养殖项目，已建成的依法关停、搬迁或转产。划定和保护公共休闲海滩，任何单位和个人不得非法圈占海滩，不得超越土地使用权界线占用海滩，不得非法限制他人正常通行。加强对损毁的沿海防护林和海岸带防波堤等海岸防护设施进行修复，对生态环境破坏和生态功能退化区域进行综合治理，恢复海岸带生态环境和生态功能，切实守护好海南岛 1 823 千米黄金海岸。

5.1.3　中国青岛

青岛作为中国东部沿海重要的经济中心和港口城市，是国家历史文化名城和风景旅游胜地，是山东省最大的出海口和信息、金融、货物集散中心。以其所具有的港口贸易、海洋科研、现代工业、发达农业、金融服务、旅游度假等优势与开发潜力，成为中国最具有经济活力的城市之一。青岛在发展蓝色经济的同时，青岛海岸带环境承受着巨大的压力，围海造地使得青岛的海岸线不断缩短，各种排污使得近岸海水污染严重，浒苔爆发多年无法解决，海岸带生物多样性锐减等。为此，青岛市已建立起“立法先行、条块管理、集中协调”的海岸带环境管理模式。在经济快速发展的同时，海岸带整体环境质量处于良好状况，部分污染比较严重的重点河口、海湾、海域的环境质量有所改善，基本控制了近岸海域污染和海岸带生态破坏趋势，初步实现了环境和经济的协调发展。

海岸带环境管理的法律法规体系是进行海岸带环境管理的重要依据。青岛市已形成了以《中华人民共和国宪法》为依据，以《中华人民共和国海洋环境保护法》为核心，以《中华人民共和国环境保护法》《中华人民共和国污染防治法》《中华人民共和国物权法》等法律为基础，以配套行政规章和地方性法规为补充的法律法规体系，并且正在逐步发展和完善，为海岸带综合管理提供了有力的支持和保障。

青岛对海岸带实施半集中式的管理，有较为明确的法规、政策、规划等作为管理依据，但海岸带管理分属于各部门，主要靠协调机构来实施管理。青岛在海岸带管理上成立青岛市海岸带规划管理委员会和海岸带规划咨询委员会，前者负责审议和协调海岸带规划及功能区划编制以及海岸带开发、利用、保护等重大事项和工作，并为青岛市人民政府决策提出意见和建议，后者负责对海岸带规划及功能区划的编制以及海岸带开发、利用、保护提供咨询、评估意见。具体规划管理工作由规划管理部门负责，其他部门按各自职责进行对口管理。

青岛市海岸带环境管理的手段可归纳为管制手段和经济手段两类。通过管制手段和经济手段相结合、辅以广泛的教育手段来加强海岸带环境管理，对海岸带环境保护起到了积极作用。管制手段是中国典型的环境污染控制手段，是一种强制管理调整方法，主要通过政府的命令和控制方式，直接或间接地限制污染物的产生数量。青岛市主要通过制定环境法规、排放标准和环境标准等手段，或通过环境审批、环境认证、推广清洁生产工艺等行政措施，来贯彻落实国家的各种环境保护制度，并通过环境监测与行政执法监督来保证上述措施的有效实施；经济手段则是一种间接调控手段，通过采取鼓励性或限制性的法律手段、政策措施，如税收或收费、提供补贴、奖励和罚款等，促使排污者减少或消除污染，从而达到保护和改善环境的管理手段。青岛市主要采取环境税、收费、财政补贴的方式，并附以适当的奖励和罚款措施。

2015 年以来，青岛市还通过不断加大环保投资力度，初步建立了以高新技术为支撑的海域使用动态监视监测管理系统、环境实时监测系统、海洋灾害预警监测系统和环境灾害应急处置系统，完善了全市环境监视、监测网络，为海岸带的环境管理提供了有力支撑。

5.1.4 中国厦门

中国真正意义上的ICZM实践始于1994年，中国政府与联合国开发计划署等合作，在厦门建立了海岸带综合管理实验区。1994—1998年，厦门市开展了第一轮海岸带综合管理的实践和探索。2001年7月又开展了第二轮厦门海岸带综合管理。

厦门市地处福建省沿海，背靠闽南大陆的晋江平原和九龙江平原，位于厦、漳、泉闽南金三角以及上海和广州中心，北面与泉州市的南安市、安溪县为邻，西面与漳州市长泰县、龙海市相接，南面与龙海市招银开发区、东面与中国台湾金门县的大小金门岛和大担诸岛隔海相望，隔台湾海峡遥对中国宝岛台湾，自古乃进出中国台湾岛的主要门户。厦门海域面积390平方千米，海岸线234千米，无居民海岛17个，港口资源、滨海旅游资源和海洋生物资源丰富。

得益于丰富的海洋资源优势和“以海兴城”战略的实施，厦门市充分发挥海洋优势，以港口为依托大力发展外向型经济，海洋经济取得了长足的发展。厦门市现已形成以临海型城市经济为主体，包括港口航运业、滨海旅游业、海洋水产业和海洋高新技术产业四大体系的海洋经济，成为全市国民经济的重要组成部分，海洋经济发展将成为21世纪厦门市国民经济和社会发展的重要推动力。然而，经济的持续快速增长给资源带来了巨大压力，在经济持续快速增长、岸线和海域开发力度不断加大的同时，厦门海域的生态环境也面临着越来越大的压力。到20世纪90年代，海岸带资源利用与生态环境问题逐渐成为制约厦门可持续发展的主要因素。但是厦门海洋环境总体上仍保持了相当高的水平，得益于厦门采取的海岸带综合管理的可持续发展战略，在发展海洋经济的同时重视海洋资源的合理开发利用和海洋生态环境的保护。以GEF、UNDP、IMO联合实施的“东亚海域海洋污染预防与管理厦门示范计划”项目的为标志（1994—1998），厦门开始了ICM的实践，并逐步形成了具有自己特色的ICM模式。该模式的主要内容包括：

（1）海岸带综合管理体制与机制的建立。作为海岸带城市，厦门市拥有13个涉海行政管理部门，全市其他管理部门也或多或少地与海洋管理有着间接关系，这些机构分别隶属于中央、省、市政府。1991年，厦门市政府成立了海洋管理处，隶属市科委，人员仅六人，在海洋资源调查、科学研究和海洋公众宣传等方面做了不少工作，但在海洋管理方面缺乏权威和综合协调，显得心有余而力不足。1995 年，在“东亚海域海洋污染预防与管理厦门示范计划”项目的推动下，厦门市政府成立了市海洋管理协调领导小组，由常务副市长任组长，分管交通、水产、科技和城建的四位副市长任副组长，成员包括了发改、经济、城建、科技、交通、财政、规划、环保、水产、旅游、法制、公安等部门的领导。领导小组下设办公室，由市政府办公厅副主任兼任办公室主任，以加强协调和综合能力。经过一年的运转，市政府于 1996 年底正式成立厦门市人民政府海洋管理办公室，除了专职领导之外，还增加了 8 位兼职副主任，分别由海监、交通、环保、水产、土地、规划、监察、水上公安等部门领导担任。办公室下设综合管理处、监察处、秘书处、海洋管理监察大队，办公室是市政府海洋事务综合管理的职能部门。为科学地实施海岸带综合管理，促进管理与科学的结合，市政府还成立了海洋专家组，由海洋、法律、经济等方面的专家组成。至此，厦门市海岸带综合管理体制已基本形成，各部门通过一种全新的机制，改变了各自为政的体制，对海岸带进行统一规划，综合开发，协调管理。

（2）海岸带管理科学支撑体系的构建。“东亚海域海洋污染预防与管理”厦门示范计划的实施极大地促进了海岸带管理与科学技术的结合，在示范计划专家委员会的基础上，市政府聘请海洋、经济、法律等方面的 10 位专家组成厦门市海洋专家组，专家来自大学、科研院所、发改委、港务局、环境保护局等科研或管理部门；其中有教授、研究员、高级工程师、高级经济师、一级律师等，有知名的专家学者和第一线从事管理的专家，不仅层次高，且学科交叉。该专家组的职责是接受厦门市海洋管理协调领导小组的委托，组织专家对厦门市有关海洋规划、开发建设和管理等方面的工作进行咨询和调研，海洋专家组的活动由市政府提供财政支持。而海洋专家组也将工作的宗旨确定为依靠和组织厦门市的专家学者，发挥科学技术对生产力发展的作用，帮助政府解决管理中的、决策制定上的问题，从而使厦门的海岸带综合管理决策在民主化、科学化和法制化方面取得新的进展。

（3）地方性海洋法律框架的完善及海洋执法的强化。依法治海是海岸综合管理的基本保障。厦门市人大和政府从地方海洋立法和执法等方面入手，初步建立了地方性海洋法律框架和海洋综合执法队伍。

首先，从 1994 年全国人大授予厦门市立法权以来，先后出台了《厦门市环境保护条例》《厦门市沙石土资源管理办法》《厦门市白鹭自然保护区管理办法》《厦门市白海豚管理办法》《厦门市浅海滩涂增养殖管理规定》《厦门市海域使用管理规定》《厦门市海上安全监督管理条例》等涉海管理法规，基本形成了在国家海洋法律体系内，以海域使用管理和环境保护等法规为基础的，与海上交通、渔业、自然保护、规划管理等规章相配套的，各项法规之间相互协调的地方性海洋法律体系。

其次，逐步完善海洋综合执法体制，加强综合执法，做到有法可依、依法治海。各有关涉海管理执法部门严格按照法律法规授予的职权，强化执法队伍建设，认真履行职责，切实贯彻法规精神。同时，通过市政府的高度协调，组织联合执法，达到综合管理海岸带的目的。市政府于 1997 年初正式成立厦门市海洋管理监察大队，负责海洋管理监察工作。此外，还初步建立了执法监督机制，每年组织市人大代表和政协委员视察检查海洋综合管理和执法情况，政府及其海洋管理部门不定期向市人大和市政府汇报管理和执法情况。

厦门市二十几年来实施海岸带综合管理的成功实践已成为国际海洋管理的先进模式典范，被有关国际组织总结为“厦门模式”，受到了相关国际组织和众多国家和地区的关注。

5.1.5　启示

国内外的海岸带综合管理成功案例中，有如下经验可以借鉴。

1. 深化海岸带综合管理的科学认知与宣传普及

海岸带管理是将海岸线两侧一定范围内的区域作为统一的单元进行管理。海岸带是人类活动的前沿地带，人类活动密度大、频度高，所承受的压力也是最大的，是人类活动最敏感的区域。因此应把海岸带作为一个独立的管理单元实施综合管理。应通过加强宣传，弄清确立综合管理体制的重要性，加深各方面对海岸带综合管理的认识，形成对综合管理必要性和重要性的共识。

科学认知上，解决海岸带构成一个统一的生态单元问题，有其地理和生态上的特殊性：其一，海岸带处于海陆的过渡带，生态稳定性差；其二，受海、陆等各种介质的交互影响，表现出其过程的复杂性、多样性；其三，整个区域因海洋的影响表现出极强的动态性；其四，具有海陆生物的过渡性、交叉渗透和相互影响；其五，退潮地作为土地资源的不稳定性等。

综合管理上，是立足于海岸带根本利益和长远利益，对海岸带进行全方位整体的协调管理，在于确立一种科学化、程序化、制度化的协调管理机制。海岸带综合管理的目标集中在海洋开发和保护工作的系统功效，达到海洋生态资源可持续利用的目的。海岸带综合管理侧重于全局、整体、客观和共用条件的建设和实践，把各行业的部门管理有机地协调起来，使其各种有关管理形成一个完整的统一体。

海岸带综合管理宣传工作，要深入群众、深入实际，提高广大民众的海洋意识、综合管理意识、参与意识。只有广大民众积极支持、参加到海岸带开发与管理中去，海岸带的综合管理才能够真正有效。

2. 加快海岸带综合管理基础条件的创造

海岸带的综合管理只有借助于科学合理的规范与标准才能实现科学化，主要是厘清海岸带管理的范围、加强海洋功能区划工作等。

借鉴国内外的实践经验，根据宁波市的实际情况，应保持生态单元的完整性，考虑到管理的可实施性和可操作性，来确定海岸带的管理范围。

海洋功能区划是为了海洋资源管理相配套而设计的一项工作，其工作范围几乎包括海岸带管理的范围，为海洋和海岸带管理奠定科学基础，其成果作为管理规范的一项工作。为了更好地贯彻实施全国海洋功能区划和开发规划，应提高对海洋规划和区划的认识，完善海洋功能区划体系，完善海洋功能区划的技术支撑体系。

3. 加快海岸带综合管理体制与机制建设

根据宁波市实际情况，借鉴成功经验建立维护海洋权益、海岸带防灾减灾、海岸带资源开发与保护统一管理与分行业分部门管理相结合的管理体制迫在眉睫。构建海岸带综合管理体制，核心在于做到管理“分工有序”“综合有制”，克服现行各部门管理不协调的因素。

鉴于此，建议设立海岸带管理委员会，主要职责是指导各部门之间的横向协调与垂直管理有序衔接，负责协调各政府部门的相关海岸带规划以及市海岸带开发大政方针的制定；把民主决策作出的结论付诸实施，并追踪核实实施效果，然后反馈给海岸带管理委员会的各成员单位。建议由市人民政府行政领导担任组长，成员由各涉海部门的业务主管领导兼任。海岸带管理委员会代表行使行政管理职权，使综合管理同分部门专项管理形成相辅相成的协调机制。

与管理机构改革相配套，健全的海岸带综合管理体制不仅包括一个海岸带综合管理职能部门，还应逐步建立起海岸带综合性法律法规体系，做到海岸带管理有法可依，有规可循。管理机构只有借助立法才能有效地实现对海洋和海岸带的综合管理，弱化各涉海部门各自为政的观念，充分发挥其在海岸带管理中的指导、协调作用；只有借助于合理、科学的标准与规范，才能实现科学化的综合管理。管理体制构建主线是海岸带统一执法的过程中依法行政原则、及时性原则、客观性原则和合理性原则，以及明确、协调各执法队伍的职责和分工，遇到综合问题时由海岸带管理委员会统一协调。全面有效地维护在资源开发与利用、环境保护、渔业资源、国家安全以及卫生、海岸科研、缉私等方面的权益。

完善海岸带执法监督约束机制、应急机制。通过人大、政协、政府、社会团体和公众的参与，加强对海洋法规实施情况的监督和检查，实现优质快捷的执法。另外，由于海洋、海岸带工作的特殊性，要求高素质的执法人员，可以对现有的执法人员进行定期的业务培训；招聘新的执法工作人员时严格把关，将有限的资源发挥出最大的效能。同时，增强建设海洋强国理念的宣传与教育，提高对海洋、海岸带重要性的认识，加大对涉海科研与院校的投入力度，提高海洋高等教育水平等。

5.2 实施海岸带多规融合管理

5.2.1 明晰海岸带多规融合的实施主体

1. 海岸带多规融合的实施主体

海岸带规划实施的难点和关键之处在于部门间的协调和综合。首先，海岸带管理权限的分散造成了海岸带地区规划编制、实施与管理中的困难。宁波市海岸带规划范围往往涵盖城市规划区与村庄（镇海、北仑、奉化）、农田、水产养殖区等诸多不同属性的空间和用地，这些用地分属规划、国土、海洋渔业、交通等部门管辖，管理所依据的法规和政策也各不相同，各专业部门分别制订的相关政策和计划之间也缺乏充分的协调，存在忽视其他行业利用的问题。

其次，海岸带资源的竞争性使得单一的行政主管部门无法独立实施海岸带规划。海岸带利用程度越高，则海岸带资源的竞争性利用越强，行业间的冲突将日益增多。单一的部门分工管理不能适应海岸带管理的要求，从管理可行性角度出发，加强行业“条条”和部门“块块”间的综合与协调，对于多规融合至关重要。

2. 实施多规融合的行政主体——海岸带管理委员会

要切实实施和落实海岸带规划，必须明确实施的行政主体。结合宁波市实际，建议委托某个主要部门负责和牵头，形成由海洋渔业、城市规划、环保、国土、交通等部门共同组建的海岸带协调管理委员会，实施海岸带规划及其管理。

海岸带协调管理委员会可以是非常设机构，由市级行政主管领导任管理委员会主任，主要参加部门（如海洋与渔业局、城市规划局、环境保护局）任常务委员，涉海的其他政府部门为协调管理委员会成员，采取部门联席会议的形式来组织和负责海岸带规划的编制和实施。非经管理委员会批准的规划内容不得在海岸带范围内实施。管理委员会定期召开会议，交流信息，协调解决海岸带空间规划执行具体工作中的矛盾，还可以研究发现重大问题，对规划进行补充完善，并呈报政府或立法机关，通过行政和法律程序解决。海岸带协调管理委员会应当建立协调管理机制，吸收多方面力量参与管理工作，包括政府各相关部门、相关研究机构和民间团体。

有条件时，可以考虑建立独立、常设和有行政能力的海岸带管理委员会，替代海岸带协调管理委员会，负责拟定法规、政策、规划、协调重大开发利用活动、执行检查活动等，并用法律形式明确海岸带管理委员会的地位与职责。

5.2.2 依法管理体制的构筑

1. 立法的必要性与策略

海岸带是一个涉及国民经济多部门、多学科的地域综合体。从立法角度看，任何一个关于海洋或陆地的部门法规都不能完全覆盖这个区域，不能充分体现这一国土地带的特殊性，因而不能实现对海岸带进行全面的综合管理。制订专门的海岸带管理法规，强化海岸带的依法管理，是为了适度对这一特殊地带进行全面有效的管理，以确保海岸带资源开发利用及综合效益水平之间的平衡，同时也可以保障部门单项法规在海岸带内能顺利贯彻执行。

对宁波市而言，尽量通过行政渠道先行制定出台《海岸带管理条例》，据《海岸带管理条例》对海岸带事务进行部门和行业协调，保障海岸带空间规划的顺利实施。在条件成熟时制订海岸带管理的法律法规，使得海岸带资源得到严格的保护和合理利用。

《海岸带管理条例》应对海岸带的立法依据、利用可能性、管理和开发作原则规定，加强海岸带管理、合理利用海岸带资源、保护海岸带生态环境，充分发挥海岸带在经济社会发展中的重要作用，并规定海岸带管理委员会的任务、职责，对海岸带开发项目的报批、调整、终止手续，以及在海岸带开发中的矛盾、冲突的协调办法，海岸带总体规划的内容，海岸带的开发利用和治理保护及奖惩措施等行为都做出规定。

2. 建立海岸带开发许可证制度

美国、欧洲等国家和地区的海岸带管理法都建立了比较成熟的海岸带开发许可证制度。海岸带开发许可证包括海岸带区域内的建筑许可证、采矿许可证、滩涂湿地和海域利用许可证、污染物排放许可证。许可证批准的标准为水质标准、工程标准等国家或地方最新标准。宁波市应重点推进海岸带范围内建设项目的方案设计比较，并请专家评审；非建设用地严禁批地建设，若需改变用地性质，应通过规划主管部门上报管理委员会，经相应级别人民政府批准，方可变更。

5.2.3　建立海岸带“多规融合”规划运行机制

1. 海岸带“多规融合”顶层设计

围绕海岸带综合管理亟待破解的难题，抓住政府正在推进的规划改革试点机遇，推进规划管理机构的整合、规划权力运行的法制化建设，推进自然资源部门主导规划“编制—实施—监督”的权力运行公正、透明与衔接顺畅，创新规划管理。

重点围绕建立规划基础数据信息平台、构建宁波市海岸带空间规划体系、海岸带空间划分技术标准、海岸带空间布局规划期限、海岸带规划审批制度安排等问题，开展规划机构、规划事权、规划法律的创新。

当前要务：加快整合市属涉海横向规划职能机构与事权，建立“多规融合”的海岸带管理委员会及其议事决策责任机构。即要统一市属各职能局的规划观，统一国民经济与社会发展规划、城乡规划、土地利用总体规划、近岸海域环境功能区划、海洋功能区划等涉海规划的相关功能地块边界，强化多规的衔接，同时优化规划的内容，建立地理信息平台，理顺相关部门的行政管理权限。

未来应全面推进环保、交通、市政、水利、城管等专业规划编制与实施的合并，最终实现管理委员会负责海岸带全部规划编制事权和实施的权限，监督与监测评估则由人大、政协及各级公众为核心构建监管机构。

2. 构建全域统一的空间信息联动和业务协同平台

依托宁波市“多规合一”的推进，利用3~5年建立“一张图”，整合海岸带规划工作底图、管理审批协同信息系统、规划实施监督执法实时查询信息网络，推进海岸带多规合一信息系统建设。①制定空间基础地理数据和“多规合一”规划信息数据的建库标准规范以及数据交换共享制度。②建设空间基础地理数据库和“多规合一”规划专业数据库，为平台进行共享服务提供数据支撑；提供方便、安全的业务数据录入工具；并以现有基础数据为依托，提供数据统计分析工具，建立不同规划空间冲突检查专家系统，基于刚性指标对规划成果进行检查分析。③建设面向政府部门的“一站式”服务门户网站，对地理空间数据库中的所有信息进行集中展示和综合查询，任何有权限的用户均可以使用，统一用户的地理空间信息资源、进行数据交换和更新审核。④建设一个统一的规划编制平台，为国民经济与社会发展规划、土地利用总体规划、城乡总体规划等之间的协调提供工具。

首要任务是推进地理信息的统一采集与统一管理使用，构建“多规合一”基础地理空间数据库。全面实现规划业务自身需要收集、处理、分析、展示等与规划区地表事务相关的空间和属性信息采集、处理与应用的科学性、高效性与便捷性。

其次，要积极推进海岸带规划编制平台与规划成果建库的统一管理、查询与发布。整合“三规合一”与海洋功能区、近岸环境功能区等的编制标准，如坐标系、编制软件、规划成果表达。构建基于规划数据组织结构的“规划成果库—专题规划—要素及属性”的规划成果数据库，按分层原则聚集数据。

再次，除了建设基础空间数据库外，还需要建立海洋规划知识库。海洋规划知识库主要包括《中华人民共和国海洋环境保护法》《中华人民共和国海域使用管理法》《中华人民共和国土地管理法》《中华人民共和国城乡规划法》等相关法律、海岸带土地利用评价模型等。综合现有土地分类标准以及相关法律法规，建立围填海→建设用地转换的土地分类对应关系，构建人工智能模拟规划专家对用地的决策评判。

3. 推进经济、土地、空间、环境规划“四标”衔接

学界将各部门对自然资源、生态环境与国土规划主要事权特点总结为“发改管目标、国土管指标、住建管坐标”。事实上，发改部门所确定的目标体系包含相当数量的控制指标；国土部门的土规也包含各类用地坐标；住建部门的城规包含众多规划指标；环保部门的环境保护控制指标、环境功能区划也有坐标等。为此，应积极推进“四标衔接”。“四标衔接”是指在“多规合一”中提出相对系统完整但不追求面面俱到的目标体系，主要由规划发展目标及其指标体系组成。与这一体系对应的接口设计，是指“多规合一”对各类规划的控制接口，在内容与深度的设定上，要避免过深或过浅的极端化选择。因此，目标体系只需要控制经规、城规、土规和环规各自最核心的规划内容。对于海岸带地区而言，城规控制城镇性质与规模及适宜建设用地规划指标等，土规控制永久基本农田面积、城乡建设用地规模等，近岸水域环境功能区和海洋功能区控制陆源污染排放和海域利用类型。由此，通过强调接口设计的“四标衔接”，明确核心控制手段，以“多规合一”统领各类规划。当然核心是，构建“一本规划、一张蓝图”，“划定生产、生活、生态三大空间”和“划定城市开发边界、永久基本农田、生态红线”等目标要求。

5.2.4　构筑一体化审批机制

1. 布局融合

布局融合主要围绕海岸带生态用地、基本农田、城镇建设用地（港口岸段、村庄、城区）相关规划实施布局融合，实现：①国民经济和社会发展规划、土地利用总体规划、城市总体规划等规划与海岸带生态基底高度一致；②国民经济和社会发展规划、城市总体规划的建设边界与农业用地保护的有效统一，尤其是城镇、村庄的建设用地边界能高度契合土地利用规划管控边界。

2. 管制边界融合

结合用地空间布局规划与宁波实际，按照保护海岸资源与环境优先，有利于节约集约用地的要求，各部门统筹协调，融合形成“三线”，并界定“四区”，即“城乡建设用地开发边界”“永久基本农田保护红线”“生态保护红线”三线和“允许建设区”“有条件建设区”“限制建设区”“禁止建设区”四区。

3. “地块四标”导控下项目审批一站式服务机制构建

通过各类规划数据资源整合和数据库建设，达到“多规”数据输入输出接口统一、存取高效、信息关联，统一管理，统一监控，确保基于不同平台、不同格式存储和不同标准的多种规划数据可以在信息系统中进行统一的管理。

以统一的信息联动平台为技术支撑，建立科学、规范的多部门联审流程。通过建立动态更新机制，将规划数据、审批信息、实时现状、及时纳入信息等通过联动平台的动态更新，创新政府规划管理方式，并探索多维度的协调融合机制，建立一套全市统一的建设项目审批与规划用地管理的办事新规章，从而实现发改、规划、海洋渔业、国土和环保等部门的建设项目审批业务的协同机制，实现综合受理窗口的模式，为政府、专业部门、企业和公众提供“一站式”的政务服务，以解决企业和广大市民群众要跨过“多道门槛”才能办成事的弊端。

基于一体化应用开发与集成框架，通过建立支撑多规融合实现的信息系统，实现规划、国土、发改、环保等跨部门的数据共享、交换与更新，形成有效可行的信息机制，同时确保能够及时发现各规划存在的矛盾冲突，并为多规冲突的解决提供量化的信息参考，逐步促进多规在内容和目标上的一致性，增加规划的可实施性。

利用GIS（地理信息系统）技术构建一个“三规合一”的基础地理信息平台来协调“三规”，推进“一套规划、统一编制、统一平台、分头实施”的规划工作与用地审批改革总体方向，突出强调土地利用“四标”约束性指标为限制，破解围填海项目实施过程的“海域到陆域”、“陆域到上市土地挂牌出让”的四标衔接与审批标准。建立行政相对人只需在市行政服务中心窗口递交申请，统一向多个部门提供相关材料，即可在第10个工作日取得发改委的项目意见函、国土部门的土地预审和规划部门的《建设用地规划许可证》。例如，财政投融资项目的审批，改革前要经过“发改前期工作函—规划选址意见书—发改立项—国土土地预审—规划建设用地许可”等过程；改革后，依托“三规合一”平台，实现市行政服务中心窗口统一收件、各审批部门网上并联协同审批和审批信息实时共享，实现了审批时限的大幅压缩。

当然，在规划审批内容方面，用地规划许可阶段精简了项目选址意见书环节。发改委、规划部门与国土部门联动，发改委的可研批复（或立项）调整为项目建议书批复，使得用地规划许可阶段前的相关手续无缝衔接，加快审批速度。在建设工程规划许可阶段，将建设工程规划许可由施工图审查阶段提前至可研批复及工程规划许可阶段办理，把部分原来由规划部门审查的规划指标移交施工图审查机构审查；取消“建设工程设计方案许可”审批环节，合并建设工程设计方案技术审查、三维审核、日照审核及方案景观艺术评审等技术审查环节，将其调整为规划部门建设工程规划许可审批的内部业务流程；建设工程规划许可的办理，实行“一份办事指南，一次性收件，一次性审批”制度。

5.3　推进宁波海岸带综合管理的抓手

5.3.1　推动海岸带综合管理体制改革

按照国家有关法律及行政文件要求，现行规划主要有国民经济和社会发展规划、城乡规划、土地利用总体规划、生态功能区划、环境保护规划等。由于规划主体不同，技术标准、编制办法、规划期限不一，各规划之间存在较大差异甚至相互矛盾，“多规”间的不协调严重削弱了规划的科学性和权威性，影响并制约了规划效力的发挥，难以有效发挥规划的空间统筹作用，导致海岸带利用过程中存在“多规矛盾突出、生态用地蚕食、审批效率低下、项目落地困难”等诸多弊端，使各级政府和相关部门、社会层面无所适从，甚至制约海洋经济与滨海城乡可持续发展。

1. 指导思想

以浙江省海洋经济发展示范区规划和宁波市委、市政府关于推进全面深化改革工作战略部署为指导，立足海洋经济健康发展，着力改革创新，推动国民经济和社会发展规划、海洋经济规划、城乡规划、土地利用总体规划、环境保护类规划有机融合，形成统一衔接、功能互补、相互协调的海岸带规划体系，为全市加快推进“一圈三中心”、“名城名都”新型城镇化，促进海岸带地区可持续发展，提供更加科学、更富效率的管理支撑。

2. 工作目标

统筹协调滨海县/市/区（余姚、慈溪、镇海、北仑、奉化、鄞州、象山、宁海）的国民经济和社会发展规划、城乡规划、土地利用总体规划和环境保护的规划，从规划体系、规划内容、技术标准、信息平台、协调机制和实施管理等方面理顺“涉海多规”之间的关系，有效统筹海岸带空间资源配置，优化海岸带功能布局，切实保护海岸带，提高政府行政效能，确保国家、省、市重要发展片区、重点发展项目顺利落地实施，保障滨海县市区的社会、经济、环境协调可持续发展。

到2017年底，以市委市政府推行的乡镇“多规融合”试点工作为基础，实施杭州湾新区、北仑区、象山县等地海岸带综合管理试点，建立海岸带综合管理“一个信息平台”“一张规划图”“一套多规融合协调工作机制”。

到2020年底，在继续推进海岸带综合管理试点的基础上，全面覆盖滨海县（市、区）的所有滨海乡镇，构建海岸带综合管理的“多规融合”信息联动平台，完善综合管理运行机制，实施部门协同的行政审批流程。

3. 主要任务

全面分析和统筹协调宁波市海岸带地区“多规”的主要内容、规划目标和重点、实施海岸带综合管理机制等，完成海岸带地区“一个多规合一空间规划体系”“一张图”“一个信息联动平台”“一个协调工作机制”“一套技术标准”“一套管理规定”等“六个一”的主要任务。

（1）一个多规合一空间规划体系。从空间层次、规划层级、规划内容和实施管理等方面理顺“多规”之间的关系，构建一个职能边界明晰、统筹协调高效的海岸带空间规划。长远发展层面，市级层面构建以国民经济与社会发展规划、城市总体规划和土地利用总体规划“三规合一”为核心，协调融合生态功能区划、海洋功能区划等，研制宁波市海岸带“多规合一”规划；分批启动滨海县（市、区）层面海岸带详细规划编制。近期实施层面，统筹编制试点县市区（杭州湾新区、北仑、象山）海岸带多规融合规划，并滚动编制年度实施计划。

（2）一张图。全面分析梳理“多规”内容，对“多规”各自确定的发展目标、发展规模、用地指标、用地布局空间差异等进行分析，设计“多规融合”的规划编制标准、编制体系、编制路线；将“多规”所涉及的用地边界、空间信息、建设项目参数等多元化的信息融合统一到一张图上，兼容宁波坐标系和国家坐标系；通过用地分类标准梳理、边界整合等技术手段，以“三规”为主体，逐步实现发展目标、人口规模、建设用地指标、城乡增长边界、功能布局、土地利用强度的“六统一”，并通过全面比对、按区分配、布局调整，将所有规划要素在同一空间图纸上进行表达和协调，在“一张图”中划定海岸带的城乡建设用地控制线、产业区块范围控制线、基本生态控制线、基本农田控制线等四条控制线，实现海岸带“一张图”管理。

（3）一个信息联动平台。①构建海岸带“多规融合”信息联动平台，建立海岸带地区“多规”信息共享机制，实现海洋渔业、规划、国土、发改、环保、交通等跨部门的数据共享、交换与更新，为实施“多规融合”协调机制和控制线管控规定提供技术保障，并与项目审批流程有效衔接，提高海岸带建设和管理的科学化、精细化水平。“多规融合”信息联动平台采用“1+5”分布式架构（一个公共信息平台和规划、海洋、国土、发改、环保五个业务子系统），由市发改委、市国土资源局、市规划局、市环境保护局和市海洋渔业局五部门联合建设，由市政府指定自然资源局总集成。②近期充分利用“宁波市规划管理信息系统”、“宁波市自然资源和空间地理基础信息（共享服务平台）数据库”（规划）和“宁波市土地利用总体规划数据库”、“宁波市规划管理信息系统”（国土）等的现有工作成果，逐步建立一个“多规”管理信息互通机制，实现部门间信息共享；远期将涵盖海洋功能区划、城乡规划、土地利用总体规划、重大产业平台（集聚区）规划、环境保护规划、交通规划等涉及空间要求的信息要素叠加，建成全市统一的信息联动平台，以便于海洋、发改、规划、国土、住建、环保、交通等部门审批过程中及时沟通，为实现“多规”统一、高效的实施管理提供信息技术支撑。

（4）一个协调工作机制。为保障“多规融合”的正常运作，需建立市域海岸带“多规融合”的规划、实施、评价监督机制。在规划编制方面，要完善海岸带规划修编项目的立项机制，组建协调委员会，并由政府主要领导出任规划协调委员会负责人，建立规划编制的联动机制，健全规划修编机制。规划实施建立发改、国土、规划、住建、环保、交通、海洋、水务等部门项目并联审批制度，形成“一站式受理、各部门并联审批、全程监督”的工作机制。

（5）一套技术标准。为保障海岸带“多规融合”工作顺利开展，应修改、完善《宁波市乡镇“多规融合”编制技术要点》《宁波市“多规融合”规划数据标准》《宁波市“多规融合”规划技术规程》等技术规范，设立海岸带地区多规融合的技术关键参数。同时，为改变目前各部门技术标准口径不一致带来的开发管理混乱等问题，应建立一套统一的用地分类标准，对涉及相同的空间安排，以一套技术标准来执行。

（6）一套管理规定。在完成“一张图”工作基础上，为保障后续“多规融合”成果得到有效运行实施，应配套制定《宁波市海岸带“多规融合”控制线实施管理规定》、《宁波市海岸带“多规融合”运行管理实施方案》等技术管理规定，并将《宁波市海岸带管理条例》纳入地方立法，以科学构建海岸带综合规划体系技术路径，保障海岸带“多规融合”技术成果深入推进实施。

4. 实施建议

（1）尽早启动宁波市海岸带“多规融合”工作。建议尽快启动宁波市海岸带“多规融合”工作，成立领导小组，统筹做好宁波市海岸带“多规融合”的各项工作。可先行以杭州湾新区、北仑区、象山县进行试点，随后全域推进。

（2）尽快出台宁波市海岸带综合管理相关法规。建议在宁波市“多规融合”研究与编制过程中，总结海岸带综合规划的技术难点、技术关键，并与现行项目审批体系进行匹配性分析，研制《宁波市海岸带综合管理意见》，适时出台《宁波市海岸带综合管理条例》。

（3）适时改革滨海县（市、区）海岸带管理行政架构。建议宁波市委、市政府适时启动滨海县（市、区）海岸带综合管理行政架构改革，以象山县、北仑区为试点，推动土地、海洋、规划、环境保护等职能机构的“海岸海洋”“三定”优化重组，探索宁波海岸海洋综合管理可行路径。

5.3.2 建立过渡期海岸带综合利用的咨询、决策、审批市级统筹机制

1. 采用领导小组协调的管理模式

海岸带综合管理是海洋国土管理的高层次管理形态，应以海洋整体利益为目标，通过立法、执法、政策、规划以及行政监督等行为，对市域管辖海岸带的空间、资源、环境和权益，在统一管理与分部门管理的体制下，实施统筹协调管理。

为了适应宁波市海岸带综合管理的现实需求，必须尽快建立相对统一的海岸带综合管理体制，以改变分散型的海岸带管理模式。海岸带综合管理体制包括同级部门之间的协调机制和上下级同一属性部门的衔接机制、资源开发利用管理的协调机制、海岸带执法三个方面的协调机制，并通过制定法律来加强海岸带执法队伍及各部门执法队伍之间的协调和联系，完善海岸带综合执法体系。在当前海岸带事务分离型治理情景下，建议设立海岸带规划协调与海岸带综合管理职能非常设议事机构，抑或在宁波市海洋经济工作领导小组中增加该职能并同时增加领导小组办公室“三定”编制。

2. 建立宁波海岸带管理的科技智库与工作体制

建议成立市海洋专家组，由海洋、法律、经济、港航等方面的专家组成，

负责海岸带综合利用问题的咨询与决策前期研究，以及海岸带某些地块利用争议裁定等海岸带规划与用地项目审批。相关专家来自大学、科研院所、海洋与渔业局、国土资源局、环境保护局、滨海县发展和改革委员会等，其中有教授/研究员、高级工程师、高级经济师、一级律师，且学科交叉，该专家组受宁波市海洋经济与海岸带管理领导小组的委托，组织专家对宁波市有关海岸海洋规划、开发建设和管理执法方面的工作进行咨询和调研，海洋专家组活动经费由市政府提供专项财政预算。

5.3.3 建立海岸带利用的监测评估体系

1. 海岸带利用监测评估体系的构成环节

宁波海岸带具有“影响因素复杂，地质复杂与资源环境脆弱，影响后果严重”的特点。尽管如此，过去的调查与监测程度较低，已有工作少而分散，不具系统性。因此，尚存在诸多关系宁波社会经济发展的重大海岸带利用问题有待解决，直接影响到宁波市城市安全、国土资源战略储备和海洋经济的可持续发展。

虽然海岸带监测评估体系尚未见明确定义，但是借鉴国内外相关案例可将海岸带监测评估工作界定为至少应包含“监测（图 5-1）”、“研究（图 5-2）”和“应用（图 5-3）”三个基本环节，三者互相推进，缺一不可。而且海岸带监测评估工作服务宁波市海洋经济社会发展需要，应定位“公益性”资源环境管理工作的职能，并纳入宁波自然资源与生态环境体系。

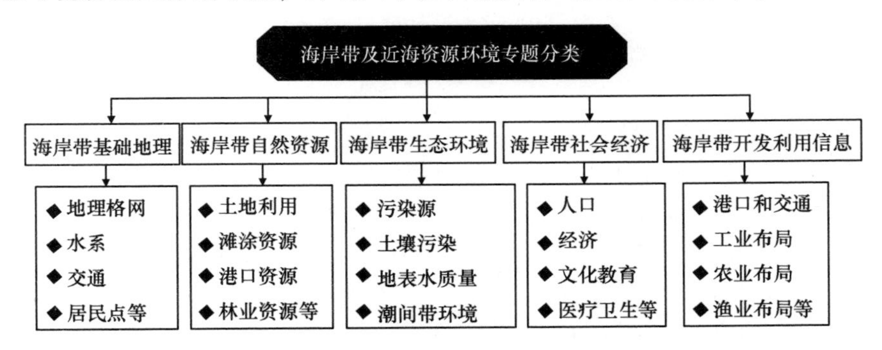

图 5-1 海岸带利用监测要素及其核心因子

2. 宁波市海岸带利用监测评估工作机制

建议市政府依托宁波市相关高校与科研院所，进行专项机构与职能的长

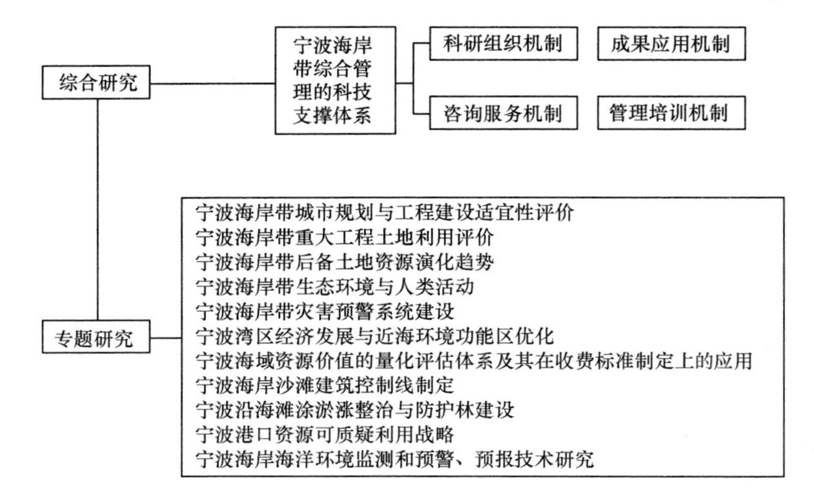

图 5-2　海岸带利用评估研究系列主题

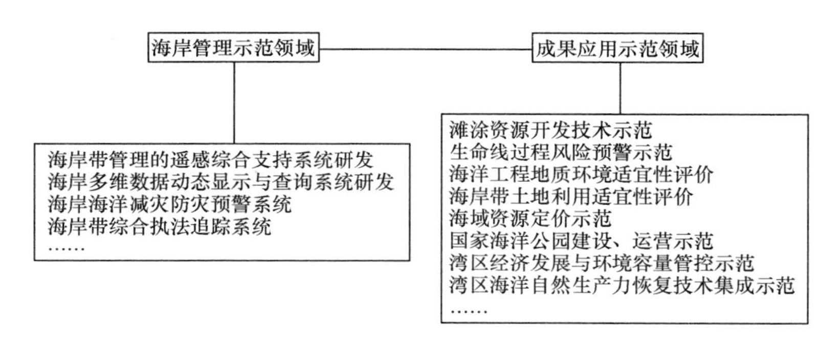

图 5-3　海岸带利用监测应用系列领域

效建设。如可以采用年度海洋经济专项经费预算委托宁波海洋研究院承担相关数据源采集与数据库建设、数据挖掘与咨政服务等；亦可采用数据源采集与数据库建设由宁波海洋研究院承担，相关专题研究、应用技术服务纳入宁波市海洋经济专项和全市海洋科技规划中采用招投标体制实施。

5.3.4　建立海岸带综合执法长效工作机制

建议由宁波市海洋经济与海岸带综合管理领导协调小组及其办公室牵头，一方面内设宁波市海岸海洋综合执法协调小组并研究制定《宁波市海岸海洋综合执法工作条例》，构建“海岸海洋执法统一抓、问题处理再分家”的方式进行不定期的综合执法行动，加强宁波市海岸海洋的执法监察工作力度。另一方面，组织宁波市海洋与渔业执法大队、宁波市海事局、宁波市环境监察支队、中国海监渔政宁波支队、宁波市公安局水上分局、宁波市港口管理局、宁波市海洋与渔业局渔政渔监处（防灾减灾处）、宁波市综合行政执法局和宁波市人民政府口岸与打击走私办公室等涉海行政主管部门的执法队伍，建立海岸海洋综合执法队伍，充实和加强一线执法力量，依据海岸带管理条例和海域功能区划及有关法规组织、协调、指导、监督海岸海域资源开发和环境保护治理。

6 国际湾区经济成长规律与启示

21 世纪是“海洋世纪”，是海洋经济得到高度重视的时代。谁拥有大型的现代化港口群和城市群，并且有强大的临港产业支撑，谁就能占领海洋经济的制高点。在当前我国推进 21 世纪海上丝绸之路建设与落实“海洋强国”重要战略的关键时期，建设拥有强大的濒海产业集群、发达的经济社会网络和城市集群的“湾区经济体”，是落实“海洋强国”战略的一个重要部分。湾区经济是当今世界重要的滨海经济形态，纵观全球经济发展进程，最发达的区域往往集中于湾区周边。湾区以其较强的产业带动能力、财富聚集功能以及资源配置手段，已成为引领全球技术变革、带动世界经济发展的重要增长极和核心动力源。准确把握湾区经济内涵特征和共性经验，对于我国加快发展世界一流湾区经济，更好地服务于“一带一路”倡议，具有重要意义。

6.1 湾区经济概述

6.1.1 湾区及湾区经济的内涵

湾区是由一个海湾或相连若干个海湾、港湾、邻近岛屿共同组成的区域。湾区是滨海城市特有的一种城市空间，是海岸带的重要组成部分，有着丰富的海洋、生物、环境资源和独特的地理、生态、人文、经济价值。在国际上，“湾区”一词多用于描述围绕沿海口岸分布的众多海港和城镇所构成的港口群和城镇群。从地理学角度看，“湾区”更贴近地理学上的“大都会”或“都会区”概念。都会区也称都市带、都市群，是指以某个或几个中心城市为核心，同与其保持着密切经济联系的一系列中小城市共同组成的城市群连绵带。但湾区又区别于“都会区”，湾区是处在一国大陆与海洋接壤的边缘地区，是由面临同一海域的多个港口和城市连绵分布组成的具有较强功能协作关系的城市化区域。根据湾区所包围海面的大小，可以将湾区空间划分为四种尺度：

（1）小尺度的湾区空间：指陆地所包围海域面积较小，一般小于5平方千米，最大不超过10平方千米；

（2）中等尺度的湾区空间：湾区海域面积适中，海湾两岸有水路和陆路两种交通，通常是城市的一部分，或隶属于某一行政区，如胶州湾、大连湾、英吉利湾等；

（3）大尺度的湾区空间：湾区海域面积较大，这类湾区通常周围有多个城市一起构成一个城市群或者经济圈，如渤海湾、东京湾、旧金山湾等；

（4）超大尺度的湾区空间：区域内可能包含很多小型和中型的海湾，如孟加拉湾、墨西哥湾等都是面积超过100万平方千米的超大尺度海湾，这类湾区区域通常涵盖很多国家。

而由“湾区”衍生的经济效应则称为“湾区经济”。“湾区经济”一词源于美国旧金山湾区。作为全球知名的人才、科技、创业资本等优质要素集聚中心，经过多年的发展，旧金山湾区形成了以硅谷为产业发展中心的湾区模式，成为国际诸多临海港口城市效仿的榜样。我国提出湾区概念，源于粤港合作，20世纪末，时任香港科技大学校长的吴家玮教授最早提出了“香港湾区”（亦称“深港湾区”）的概念。随着全球一体化发展的不断深入，资源在全球内互动与分配，在海陆空等经济发展渠道中，海洋经济成为主流，并逐步形成以湾区为核心的经济集群中心。

湾区经济是指依托世界级港口（群），发挥地理和生态环境优势，背靠广阔腹地，沿海湾开放创新、集聚发展，具有世界影响的区域经济。湾区经济具有开放的经济结构、高效的资源配置能力、强大的集聚外溢功能、发达的国际交流网络。王宏彬认为，湾区经济既是港口城市都市圈与湾区独特地理形态相结合聚变而成的一种独特经济形态，也是港口经济、聚集经济和网络经济高度融合而成的一种独特经济形态。从产业经济学来看，“湾区经济”不仅是一个区域概念，还是一个产业概念，即还需要有临港产业群，或称为濒海产业圈，只有两者结合一块才能被称作“湾区经济”。

湾区经济有两种不同的模式，如美国都会区—旧金山湾区和日本都会区—东京湾区。前者在1961年成立了区域性地方政府协会（The Association of Bay Area Government，简称ABAG），这个协会是一个契约型组织，也是一个正式的综合区域规划机构，其主要任务是强化地方政府间的合作，所以还具有行政区的特征。而日本都会区—东京湾区则更多为被赋予经济统计意义上的都市区，因为它迄今还没有成立相关的契约型组织，而是鼓励要素的自由流动，并实行“各自为政”的管理模式，分属各地方政府管辖。

6.1.2 湾区经济的构成要素

由湾区经济的内涵可知，“湾区经济”概念更多的是基于地理特征和地域分工的一种经济社会活动集合，它强调（国际化与现代化）城市发展形态与（现代服务业、总部经济、高新技术、金融产业、海港工作带等）经济发展形态的结合。同时，“湾区经济”应承载三个层次的城市规划目标，即集跨界协作区、新兴经济区、核心功能区于一体。因此，“湾区经济”的构成需要以下五个要素：

第一，强大的产业集群带。产业集聚带来的基础设施和要素市场的公用性、产业连锁的便捷性、信息汇流的通畅性，正面效应显著，有利于湾区经济实现规模效益。

第二，强有力的经济核心区。在经济全球化的大背景下，经济区域的核心区往往是“多核”的，是一个多层级的城市集群，区域之间会呈现出“多圈、多核、叠合、共生”的新形态。

第三，广阔的经济腹地。湾区的经济腹地，是整个湾区所能覆盖或影响的广大地域或区域。湾区如果腹地窄小，大都市圈和大规模产业集群缺乏发展空间，也就不能形成湾区经济。

第四，完善的经济交通网络。一个成型的经济区域，是靠完善的市场网络、交通网络和信息网络这三层网络来支撑的。湾区内外市场、交通、信息三层网络的有机聚合，使得湾区的产业集聚和城市集聚产生“放大效应”。湾区还必须具备良好的交通枢纽，拥有优质的海陆空交通体系。

第五，科研与教育机构、创新性国际化领军人才。从世界各国著名湾区发展历程看，科研与教育机构和创新性人才是湾区发展成功的基本条件之一。

6.1.3 湾区经济的典型特征

湾区经济被认为是当今国际经济版图的重要形态和突出亮点，是国内外一流滨海城市普遍实施的发展战略，如纽约湾区、旧金山湾区、东京湾区和国内的环杭州湾湾区、环珠江口湾区、环渤海湾区等。纵观国内外湾区的经济发展，湾区经济具有以下几个典型特征：

（1）在地理位置上，湾区拥有优越的地理环境和发达的港口城市。通常情况下，湾区多三面环陆、海岸线长、腹地广，适合建设港口，并能在面积相对狭小的空间培育多个港口城市。湾区经济的发展通常倚靠港口城市最先吸纳外商直接投资，引进国外先进技术和管理经验，连接本国市场和国际市场，即湾区经济发展必须倚重港口。

（2）产业结构上，湾区经济依靠第三产业的绝对比重和金融保险业的强力支撑。第三产业的比重是衡量产业结构优化的重要指标，国际三大湾区 GDP 主要由第三产业构成，第三产业增加值比重均在 75%以上，而第一产业增加值比重均接近于零，因此湾区的产业结构等级往往较高。从具体产业来看，尽管世界三大湾区均以服务业为主，但服务业种类仍有所不同，具体见表 6-1。另外，湾区金融保险业发达，并且科技与金融高度融合，科技银行业务尤为发达。

表 6-1 全球三大湾区主要产业

湾区名称	主要产业
纽约湾区	房地产业、金融保险业、专业和科技服务业、医疗保健业、批发零售业
旧金山湾区	房地产业、专业和科技服务业、制造业、金融保险业、批发零售业、信息产业和医疗保健业
东京湾区	服务业、批发零售业、不动产业、制造业、金融保险业和通信传媒业

（3）从发展引擎上看，湾区多拥有完善的区域创新体系。湾区内多集聚具有技术研发功能的大企业和研究所，以及大批高等学府。湾区通常积极促进科研成果的转化，各高校与企业开展科研合作，建立专业的产、学、研协作平台，建立竞争型创新体系，突出企业的科研主体地位。

（4）从配套设施上看，湾区经济发达地区往往着重构建交通便利、宜居宜业的城市环境。

（5）从区域合作上看，成熟湾区往往形成了协同发展的整体合力，包括港口城市群协同发展和港口城市与湾区腹地实现产业互补等。

（6）从对外开放上看，成熟湾区多具有多元包容的文化氛围，湾区城市往往孕育出开放包容、多极多元的移民文化。

6.1.4 湾区经济的演进历程

1. 湾区经济演进的动力因素

从世界主要湾区经济发展表现特征来看，湾区多分布于港口或者入海口，区位优势明显，且多与发达的城市群相衔接。基于湾区经济发展历程与其一般特征，可以将湾区经济的发展动力概括为基础性动力、内生性动力和外源性动力 3 种类型。

基础性动力是基础设施资源的驱动力，由基础设施本身对经济活动某要素生产吸引力的特质来决定，如深港湾区及周边密集的港口群、密集的路网、完善的物流基础设施等，都构成湾区经济发展的基础性动力。湾区经济的起步阶段在很大程度上取决于基础设施的辐射网络、客货吞吐量规模、高端消费群体等资源的聚集。

内生性动力是湾区经济形态在发展过程中形成的一种内在力量，表现为市场分工、知识共享、规模经济、网络创新、降低交易费用等。从区域经济学的维度看，湾区经济是具有较强自组织能力的区域，较为完善的市场制度、各种专业市场、金融市场以及服务业构成了湾区经济发展的自组织能力。

外源性动力主要源于外部环境的调控和引导作用以及某种经济形态发展到一定阶段时某种外力的强大推动作用。外部环境调控和引导作用突出表现为政府规划、对出口投资领域的引导，外部推动力量主要包括外部竞争、市场兼并整合等。

2. 湾区经济演进的历程与特征

从湾区经济演进的历程来看，由于毗邻港口并占据有利区位优势，湾区经济往往兴起于港口经济。随着港口功能的提升，湾区经济的内涵不断丰富，功能领域不断延伸拓展、调整优化，逐步形成辐射范围更广、发展实力更强、对世界影响更大的区域经济。纵观世界典型湾区经济，大致经历了港口经济、工业经济、服务经济、创新经济 4 个发展阶段（图 6-1）。

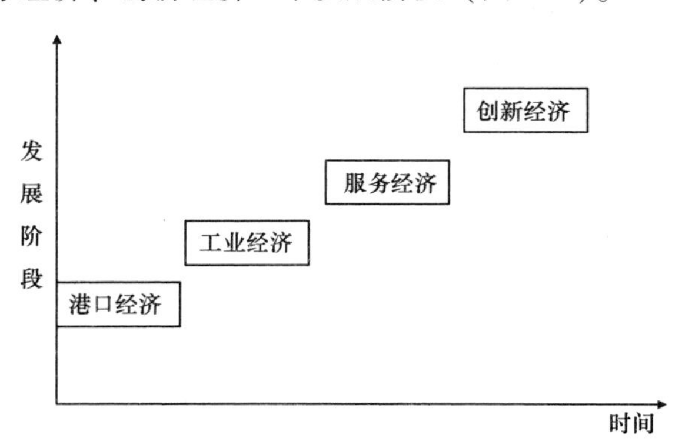

图 6-1　湾区经济各发展阶段

在港口经济发展阶段，由于港口可以给货物流动带来低廉的运输成本和丰富的物流资源，使得围绕港口发展的各经济活动迅速涌现。20 世纪 50 年代以前，受制于当时的经济社会和生产力发展水平，港口的功能主要是通过连接各种运输方式来进行货物中转运输。初期相对比较单一的港口经济，对城市经济发展无显著的推动作用，其经济活动范围往往局限于码头及相关水陆域内，直接服务于港口转运相关的装卸、仓储、运输、设备提供以及船舶修理等。在这个阶段，基础性动力发挥关键性作用，内生性动力逐步增强，外源性动力起重要的推动引领作用，港口成为湾区经济最重要的形态。

在工业经济发展阶段，港口经济活动范围向港区外不断拓展的同时，湾区城市也迅速发展成为制造中心，如以汉堡、东京为代表的工业港口城市迅速崛起。20 世纪 50—80 年代，对外贸易快速发展，港口功能逐步完善，港口周边区域集聚了大量人流、物流等，这对港口城市的发展和兴盛起到了极大的推动作用。工业文明的兴起与海洋运输的叠加优势进一步推动了临港工业的集聚发展，经济活动也不再局限于港区，而是扩展到周边区域。在这个阶段，内生性动力逐步发挥主导作用，湾区经济发展逐步脱离港口经济的基础功能，港口基础性动力强度下降，外源性动力强度逐步增强。

在服务经济发展阶段，以服务业为主导的经济业态迅速发展，湾区核心城市作为资源配置的重要节点，在区域或全球经济中的地位日益显著，港口经济活动范围进一步拓展到周边城市。随着经济全球化的快速发展，20 世纪 80 年代到 20 世纪末期，围绕临港工业和对外贸易，催生了一批以广告、产品设计、金融、保险、会计、法律、公关等为主要内容的新兴业态，极大地推动了服务业的发展，推动了湾区城市由原来的制造业中心向生产性服务业如金融中心、贸易中心、信息中心、管理中心等转变。同时，由于污染等原因，临港工业开始出现大规模产业转移，导致湾区城市经济中工业占比逐渐下降，湾区经济重心由临港工业转向现代服务业。湾区城市掌握了金融业等高端资源，成为全球资源配置的核心节点，产业结构也发生根本性改变。在这个阶段，内生性动力强度仍保持主导作用，港口基础性动力强度继续下降，外源性动力强度进一步提升。

在创新经济发展阶段，信息产业成为湾区的主导产业，并形成区域多中心共同发展格局，经济活动范围拓展到更广区域。20 世纪 80 年代以来，信息产业加速发展，以互联网为代表的新经济迅速崛起。湾区城市抓住新兴产业发展的历史机遇，加快推进以网络服务、创新金融、供应链管理以及商业模式创新等为主要内容的创新经济发展，抢占了产业发展的制高点。在这个阶段，内生性动力保持主导作用，外源性动力占据第二位，港口基础性作用进一步削弱，基础性动力占据第三位。

综上所述，湾区经济在由港口经济向工业经济、服务经济和创新经济演进的历程中，基础性动力、内生性动力和外源性动力在不同阶段的地位有所不同。总体来看，随着湾区经济发展的不断成熟，基础性动力的作用随着湾区经济的演进逐步弱化，而内生性动力和外源性动力的作用不断凸显，且内生性动力逐步占据主导地位。

3. 湾区经济演进动力机制

港口经济是湾区经济发展的起点，随着湾区经济的发展，港口作为湾区经济基础性动力的重要组成部分，其衍生发展的经济形态与湾区经济的发展进程具有高度的一致性。以港口为主体的湾区经济系统动力学模型，可以解析湾区经济演进的总体历程。从港口的演进过程来看，港口发展大致经历了四代，随着湾区经济由港口经济向工业经济、服务经济和创新经济的转型，两者在系统动力学框架下具有一定的对应性（表 6-2）。

表 6-2 系统动力学下港口演进与湾区经济演进的对应关系

港口演进	湾区经济的对应阶段	时间	主要特征
第一代港口	港口经济	1950 年以前	服务功能以装卸运输为主导，经济活动范围局限于港区内部
第二代港口	工业经济	1950—1980 年	以临港工业为主导，经济活动范围向港区外拓展，湾区城市迅速发展成为制造中心
第三代港口	服务经济	1980—1990 年	以服务业为主导，航运金融，服务业等快速发展，经济活动范围拓展到周边城市，湾区核心城市成为区域或全球资源配置的重要节点
第四代港口	创新经济	1990 年以后	以信息产业为主导，港口供应链、信息服务等快速兴起，经济活动范围拓展到更广区域，形成区域多个中心共同发展格局

（1）第一代港口与湾区港口经济耦合机制。

从时间维度上看，港区经济发展的第一阶段是第一代港口的雏形。在这个阶段，港口的功能主要是为腹地运输货物，在港口完成货流的产生、中转和消失，它是区域经济发展的保障机制。此阶段，城市对港口的依赖性很强，起决定性作用的是港口的区位优势。

（2）第二代港口与湾区工业经济耦合机制。

20 世纪 50—80 年代，港口发展进入第二代港口阶段，其显著特点是港口成为工业、商业不可或缺的节点与运输中心，在大宗散、杂货运输中港口占据重要地位。此阶段，通过港口关联产业发展这一纽带，港口与城市在空间形态上形成融合之势，向一体化方向发展，港区经济开始从简单地服务于港口转变为积极利用港口。随着港口的功能越来越集中于工业原材料领域，港口工业的发展对劳动力的吸纳能力越来越大。同时，港口工业的发展为港口规模的持续扩大提供了有效支撑。

（3）第三代港口与湾区服务经济耦合机制。

20 世纪 80—90 年代，随着港口工业及临港工业的持续发展，依托港口的生产性服务业率先发展，成为湾区服务经济发展的领头羊。港口衍生产生的市场内生能力逐步形成，催生出更趋多元化的服务模式，如港口金融、船舶租赁等。港口功能由工业原材料供给逐步向工业产品的标准化出口演化，集装箱模式的广泛应用成为这一阶段港口与城市经济交互演进的突出表现形式。港口服务不断向标准化、流程化、组合化发展，港口产业演进的附加值水平、要素集聚能力显著提升。

（4）第四代港口与湾区创新经济耦合机制。

20 世纪 90 年代以来，随着社会经济和信息科技的不断发展，信息化成为全球发展的必然趋势，在经济发展中发挥着越来越重要的作用。港口信息化网络建设加快，供应链服务能力增强，港口凭借供应链协作网络，逐步形成集聚和辐射功能更加强大的网络效益。从港城互动的角度来看，港口基础性功能在湾区发展中作用逐步弱化，城市服务更加独立，并且随着港口要素的进一步积聚，港口服务经济业态进一步升级，城市创新型业态加快发展，湾区经济的成熟业态逐步成型。

4. 城市功能演变和产业迁移

城市功能演进与产业迁移有紧密的联系。产业结构与城市功能之间存在着同兴同衰的联动关系，产业结构调整既可强化城市相关辐射功能，亦可引起城市功能体系与空间分布格局发生变化。随着产业结构从第二产业主导型逐渐向第三产业主导型转变，相应的生产方式也会从劳动密集型向技术、资本密集型过渡，产业结构调整及产业扩散将形成新的产业分布格局。城市空间是由一系列块状功能区组成的，这些功能区是相关功能主体空间集聚的结果，它们的空间变化带动了城市空间的演化。在城市功能空间演化中，集聚以及由此形成的集聚效应具有关键作用。从城市的形成到功能空间的分化要经历多个阶段，其中新的工业空间的形成阶段会导致服务型产业空间的扩大并对工业形成挤压，而工业扩张本身也需要更大的空间，这就使得工业企业向城市边缘地区转移，进而形成新的独立工业空间。

根据城市功能演化的不同阶段，从城市形成到城市功能空间分化，主要有均质化阶段、商业空间分化阶段、综合服务型空间形成阶段、新工业形成阶段，以及居住空间的独立和城市多中心的形成等五个阶段。这五个发展阶段，从城市初期阶段工业、商业居住区的混杂存在状态，到第二个阶段零售与批发为主，商业分化成为独立的空间区块，再到第三阶段综合性服务空间的形成，第四阶段则形成独立工业空间，最后在第五个阶段由于产业转移、商业空间的发展带动居住空间的变化，最终形成城市多中心结构。

6.2 典型湾区经济成长规律与启示

20 世纪 60 年代以来掀起的滨海湾区建设浪潮，使很多湾区城市呈现出新面目，湾区的开发建设取得了巨大成功，湾区经济在国外发展已经十分成熟。从世界经济版图看，全球 60%的经济总量集中在入海口。国外许多城市凭借有利的各种海湾资源条件，实现了城市的科学、合理发展，实现了整合城市资源、提升城市发展水平的目标。围绕生态、经济、社会发展等多维度建设，打造出很多国际名城，在世界范围内形成了旧金山湾、纽约湾、东京湾、悉尼双水湾、香港浅水湾、新西兰霍克湾、马来西亚布拉湾以及布里斯班鲁沙湾 8 个著名湾区。其中最具影响力的三大湾区分别为：美国旧金山湾区、纽约湾区和亚洲的东京湾区。这些湾区文化开放、产业发达、区域协同，以林立的城镇、优美的环境、开放的文化氛围和便捷的交通系统著称，代表着成熟湾区经济发展的方向。

相对于国外自 20 世纪 60 年代启动的湾区建设而言，我国正式提出湾区建设的时间较晚（20 世纪末）。中国为接轨世界经济的发展已加快建设属于自己的新型世界级经济湾区，21 世纪各滨海城市开始陆续提出湾区建设。中国目前拥有三个类似湾区概念的区域，一是以北京和天津为“双核”的环渤海湾区，包括胶东半岛、辽东半岛的一部分，大连、威海、烟台都属于该湾区。二是长江口湾区，以上海为核心，江苏、浙江为两翼。三是广东的环珠江口湾区，其城市集群和产业集群按照“A”字型结构分布，以广州为顶点，佛山、中山、珠海为西翼，东莞、深圳、香港为东翼。虽然目前国内湾区城市与世界先进湾区城市相比还存在一定差距，但经过多年的发展，我国部分湾区建设也取得了一定的成效。

6.2.1 国际湾区经济

1. 旧金山湾区经济

旧金山湾区位于美国西海岸加州北部、太平洋东岸，环绕沙加缅度河下游出海口，包含加州的12个郡，最主要的城市有旧金山半岛上的旧金山、南部的圣何塞、北部的奥克兰等城市。晴朗温暖的地中海气候使旧金山具备天然的宜居性，该地区总面积26 294平方千米（海湾面积约900平方千米），总人口在840万以上，是继纽约、洛杉矶、芝加哥、休斯顿之后的美国第五大都市。

1848年James W. Marshall在加州发现黄金的新闻被传开后，在之后7年内加州迅速吸引了30万“淘金者”前来掘金。这些掘金者不仅包括美国各个州的居民，更有来自拉丁美洲、欧洲、澳洲以及亚洲等怀揣“掘金梦”的外国人，这种规模大、涉及广、持续时间久远的移民潮在近两个世纪极为罕见。这些移民怀抱“掘金”梦想，逐渐在加州落地生根，就业创业。移民的不断迁徙使多元文化在这里碰撞和交流，滋生出开放和具有创造性的社会环境。这种开放的环境在旧金山整个地区经济起飞的初期为现代工业的发展奠定了基础。带着梦想的青年在这片土地上，利用自己的智慧和双手，使这个地区发生了巨大变化：到处有商业大亨和掘金者，更有发明家和投资人，“开放”和“创造”逐渐成为旧金山的名片。旧金山湾区并非美国传统的经济、政治中心，更多是以科技为主，依托新兴产业，带动金融、旅游以及其他服务业的发展壮大，举世闻名的“硅谷”也在区内。

从演进历程上看，因港而兴的旧金山湾区也经历了3次重要的转型，其演进过程大致可以分为淘金期、后淘金期与后工业化时代3个阶段。淘金期大致在19世纪后半期，以淘金热为契机，旧金山湾区最初为淘金提供设备，发展成为湾区制造业中心，同时发展金融业。在后淘金期，随着制造业逐步衰退，金融业逐步成为主导，投资者对发展金融业的信心促进该行业快速发展。在后工业化阶段，经过“矿业城市”“铁路城市”两次城市化高潮，旧金山湾区的城市结构逐步形成，在全球优质人才、资本、技术等诸多要素的高度聚合下，旧金山湾区的创新经济快速成长，并逐步成为引领全球湾区经济发展的重要标杆。

不像其他以单一城市为中心的大都会区，旧金山湾区内有数个独特的城郊中心。旧金山市主要以旅游业、服务业、金融业为主；圣何塞市坐落于“硅谷”，电子工业发达，集中了电子计算机、电子仪表以及宇航设备等制造业；奥克兰市主要以港口经济为主，其港口是世界上最早使用集装箱运输的港口之一。旧金山市、奥克兰市以及圣何塞市三个城市采取不同的发展策略以及产业布局，使三者能够协调发展与合理分工，从而使湾区经济的集合效应最大化。经过多年的发展，旧金山湾区在高新技术产业、国际贸易、旅游等方面取得了显著成效。

经济不仅是在有限的湾区内的生产生活活动，也是借助湾区的龙头作用，与周边经济腹地互动，与海外经济、文化等要素互动而形成的经济发展模式。旧金山湾区经济有以下运行特征：

（1）以湾区的高端产业为龙头，以腹地的配套产业为支撑，形成较大范围的产业集聚区。旧金山湾区曾经是军事电子产品的生产基地，自 20 世纪 50 年代以来，随着半导体、微处理器和基因技术的出现，高科技产业密集崛起，造就了世界科技重镇“硅谷”。在科技创新的带动下，旧金山湾区逐渐成为一个经济龙头地区。现在的湾区高技术企业主要为信息技术和生物技术，包括计算机和电子产品、通信、多媒体、生物科技、环境技术，以及银行金融业和服务业。拥有多个“世界第一”的项目：集成电路、微处理器、心脏移植、重组 DNA 等。总部设在旧金山湾区的世界知名企业共有 28 个，如惠普、英特尔、思科、升阳、旭电、甲骨文科技、苹果和 IBM 等皆是举世闻名的大企业。而旧金山湾区腹地辽阔，是美国加利福尼亚州北部的一个大都会区，位于加州北部的海岸山脉与内华达山脉之间，通过金门海峡与太平洋相连，环绕着美国西海岸的旧金山海湾囊括了 12 个郡的地域。在这个广大的腹地领域，形成了密集的配套产业，主要是各种高科技产品生产加工企业，形成了以湾区的高端产业为龙头，以腹地的生产加工产业为配套的大范围的产业聚集区。

（2）腹地的产业集群所创造的大量工业产品通过湾区的港口输送到世界各地，湾区港口物流业已成为湾区经济的重要支撑。旧金山湾区是太平洋沿岸重要港口城市，得天独厚的港湾资源使其早在上百年前就成为重要的国际贸易港。旧金山国际机场是湾区最重要的机场，是联合航空和维珍美国航空的枢纽站，亦是美国往亚洲的主要出发站之一，亚洲主要的航空公司大都在此设有航班，而美国硅谷的高科技产品都通过旧金山港口输送到世界各地。

（3）湾区所在地一般都是金融重镇，发达的金融业支撑了湾区的腹地产业集群的发展。产业的发展需要大量的资金，旧金山湾区所在的硅谷就是美国风险投资的发源地，美国的大量的金融衍生活动是在这里发生的。硅谷有世界上最完备的风险投资机制，有 1 000 多家风险投资公司和多家中介服务机构，风险投资规模占美国风险投资总额的 1/3。其中 80%以上的风险基金来源于私人的独立基金，包括个人资本、机构投资者资金、大公司资本、私募证券基金以及共同基金等。

旧金山湾区经济发展的主要经验在于：①遵循可持续发展的“3E”原则，在产业发展、环境治理保护、解决住房和交通问题、促进可持续发展上采取一系列措施，使湾区成为富有国际竞争力的生活和工作区；②建立了公有公营的城际轨道交通体系，区域城市间实现公交化运营，中心城市集聚功能和核心作用更为显著，城市布局和城市分工趋于合理；③建立区域内城市间的协调机制，政府组成旧金山湾区政府协会，负责湾区的经济发展、环境、生态保护与建设；④以知识技术为基础，拥有雄厚的科研力量和庞大的人才队伍，旧金山湾区成功的一个重要因素是加州拥有旧金山大学、斯坦福大学医学院、加利福尼亚大学等多所高等院校和丰厚的科研资源，世界各国的科技人员达 100 万人以上；⑤创造了良好的生态、文化、社会环境，使其能充分吸引、留住高端人才，维持创新能力领先地位。旧金山湾区是美国第五大城市群和高科技产业集中地区，生态环境良好，其内依然保留着多丘陵的海岸线海湾森林山脉和旷野；⑥旧金山湾区拥有一批富有创新精神的中小企业，它们富有创新精神，成为旧金山湾区经济发展的源动力；⑦旧金山湾区拥有独特而卓有效率的科技金融体系，是美国乃至世界风险投资行业最发达的地区。以风险投资行业为主体，以传统金融产业、创业市场为辅，相互促进、共同发展。在企业科技研发、成果转化、产业化发展等各个阶段，各类社会资源均得以充分调动和配置，满足了科技企业的资源需求。

2. 纽约湾区经济

纽约湾区，亦称纽约大都会区，地处美国东北部、大西洋西岸，以纽约市为中心，包括纽约州、新泽西州、康涅狄格州以及宾夕法尼亚州的 35 个郡，主要有纽约、泽西、纽瓦克等城市，是世界金融的核心中枢，也是国际航运中心。该地区总面积 34 952 平方千米（海湾面积约 3 100 平方千米），总人口达6 500万，占美国总人口的20%，城市化水平高达90%以上，制造业产值占全美的30%，居国际湾区经济之首。

纽约湾区是美国的经济中心，纽约占据湾区的核心地位，是世界经济和国际金融的神经中枢，被誉为“美国东海岸硅谷”。同时，纽约为美国第一大港口城市、重要制造业中心。服装、印刷、化妆品等产业居全国首位，机器、军工、石油和食品加工等产业在全国也居重要地位。纽约有58所大学，两所为世界著名学府，而且是全球金融中心、商业中心。曼哈顿作为纽约的CBD，其总面积57.91平方千米，人口150万，区内全球银行、保险公司、交易所及大公司总部云集，并且集中了百老汇、华尔街、帝国大厦、格林威治村、中央公园、联合国总部、大都会艺术博物馆、第五大道，是世界上就业密度最高的城市，也是公交系统最繁忙的城市，旅客量近3 000万/天。

纽约湾区经济的演进过程主要分为制造业蓬勃发展阶段、后工业化阶段与知识经济主导阶段。制造业蓬勃发展阶段大致在19世纪中期，纽约制造业在港口优势、区位条件、技术创新以及政策导向等内外因素的推动下得到快速发展，以劳动密集型、资本密集型的轻工业为主，形成了以制糖业、出版业和服装业为主要支柱的产业格局。“二战”结束后，随着城市劳动力、商务成本等生产成本的上升，在技术革新、产业升级的推动下，制造业开始从中心城市迁出，纽约湾区逐步进入工业化后期发展阶段。在20世纪七八十年代，产业发展呈现出知识经济主导型的特点，金融保险、专业服务等服务业快速兴起，促使纽约湾区由后工业化时期向知识经济主导阶段演进。纽约湾区产业结构演进轨迹对中国湾区经济发展具有较大的借鉴价值。从纽约湾区产业结构变迁历史来看，基本上没有太多的重工业，主要以服装业、出版业、食品等轻工业为主。随着城市经济的发展，制造业从城市撤离成为必然趋势，以知识经济为主导的服务业迅速崛起，提升了整个城市的集聚和辐射功能。

纽约湾区经济发展的主要经验包括：①制定并实施城市创新发展战略。纽约结合自身交通、教育、文化、金融等方面优势，选择并制定适合自身发展的政策及战略规划，并从整体上实施城市创新运动，尤其以金融创新和服务创新最为活跃；②发挥政府与市场的双重作用，推动产业转型。纽约曾面临制造业衰落的危机，但最终通过加大产业研发投入、抵减新兴产业应税收入、给予政府采购及信贷方面的资助等方式实现了城市复兴；③重视城市基础设施与产业的联结。纽约构建了多层次多元化的交通网络，并颁布了《多式联运法》等诸多法案，同时通过先进的管理方式提升城市交通运行效率；④注重教育和人才培养。纽约的教育体系十分健全，制定了适应市场要求的教育培训政策，同时还修改了移民法，对学有所长的移民减少限制，增加人才供给。

3. 东京湾区经济

东京湾区亦称东京都市圈或京滨叶大都市圈，北枕日本的粮仓关东平原，房总半岛和三浦半岛环绕东西，经浦贺海峡南出太平洋。南北长约 50 千米、东西宽约 30 千米，包括东京都、神奈川县、千叶县、琦玉县等“一都三县”，主要有东京、横滨、川崎、船桥、千叶等城市。该地区总面积约 13 585 平方千米（海湾面积约 1 100 平方千米），海岸线 170 千米，总人口在 3 560 万以上，经济总量占全国的 1/3，集中了日本的钢铁、有色冶金、炼油、石化、机械、电子、汽车、造船等主要工业部门。

湾区经济带濒临海洋，是天然的建港良地，具有发展国际联系的最佳区位，是连接海内外市场的纽带和参与国际分工的桥头堡。东京湾沿岸经济发展的特点主要是以港口建设带动经济开发，并已取得显著成效。东京湾沿岸形成了由横滨港、东京港、千叶港、川崎港、木更津港、横须贺港等六个港口首尾相连的马蹄形港口群，年吞吐量超过 5 亿吨，并构成了鲜明的职业分工体系。在庞大港口群的带动下，工业沿着东京湾地区逐步向西和东北发展，形成了装备制造、钢铁、化工、现代物流和高新技术等产业发达的京滨、京叶两大工业地带。

东京湾区功能演进与东京湾经济带发展过程大致可分为三个阶段：20 世纪 60 年代前京滨、京叶两大工业区产业聚集和企业集中的初级工业化阶段；20 世纪 60 年代开始重化工业向外扩散阶段；20 世纪 80 年代之后京滨、京叶两大工业区重视发展知识技术密集型产业阶段。京滨工业区发展的初期，主要是集聚制造业与重化学工业为主。19 世纪末之后，由于工业革命带来的棉纺织业、铁路、矿山等产业生产规模的不断扩大，日本开始在首都东京市近郊的芝浦临海工业带进行产业布局。第一次世界大战时期日本资本主义经济飞速发展，才真正形成所谓重工业地带。而第一次世界大战后的恐慌及关东大地震，加剧和强化了独占资本对产业的支配和垄断地位。1928 年之后，临海工业地带逐步具备了发展大型工业的条件。

抗日战争爆发后，日本政府强力保护重化工业进入京滨地区，以军需工业为中心的重化工业得到较大发展。由于第二次世界大战的影响，从 1942 年开始日本政府便逐步转向发展民需市场。从 20 世纪 60—70 年代经济高速发展时期，东京湾区开始实施“工业分散”战略，将一般制造业外迁。之后，中心城区强化高端服务功能，重点布局高附加值、高成长性的服务性行业、奢侈品生产和出版印刷业。东京湾区产业布局从传统工业化时期的一般制造业、重化工业为主的产业格局，逐渐蜕变为以金融服务、精密机械制造、出版印刷等高端产业为主，化工、石油、钢铁等产业部门全面退出东京。

远郊的町田市原来是一个军工基地，被首都整备法指定为工业“诱致地区”，在原来的工业基础上成为日本的“硅谷”，日本宇航科学研究和其他尖端技术研究机构竞相前来此地落户，包括日本电气、日本汽车、三菱电气等公司的主力工厂，成为一个田园式工业城市和国际国内科技情报的汇集中心。产业集聚要求相应的人才集聚，东京湾也成为日本教育和科研机构高度密集的地区之一，仅东京一个市就集聚了全日本120所大学的1/5和大学教员的30%，近500所民间研究机构的1/4以及600多家顶级技术型公司的一半。东京湾地区已成为该国的金融资本市场中心，并是新闻、出版、广电、媒体、广告等服务中心。东京湾产业的集中和人口的集聚，促进了以东京为核心的首都城市圈的发展，使之成为日本最大的工业城市群和最大的国际金融中心、交通中心、商贸中心和消费中心。东京湾城市群是世界上经济最发达、城市化水平最高的城市群之一，地区经济总量占日本GDP的30%，是日本的能源基地、国际贸易和物流中心。

扬长避短、合理分工是东京湾区产业空间分布的显著特征。东京湾区经济带在产业空间分布上表现为集群发展模式。根据城市功能的演变过程，京滨、京叶工业区的形成与发展实际上也是东京作为一个大都市，功能演变及产业不断向外扩散的过程。东京从20世纪60—70年代经济高速发展时期，就开始实施“工业分散”战略，将一般制造业外迁。以机械工业为例，自20世纪60年代中期以后，机械工业就开始分散到外围地区。这种“工业分散”战略既解决了东京大都市的过度膨胀问题，又促进了外围地区工业的发展。这些外迁的制造业主要迁移至临近投资环境好的京滨、京叶工业区。可见，作为都市区核心产业向外迁移的情况，从20世纪60—70年代已经开始，一直在持续进行。东京实施“工业分散”战略之后，机械电器等工业逐渐从东京中心地区迁移至横滨市、川崎市等城市，进而形成和发展为京滨、京叶两大产业聚集带和聚集区，东京成为日本国最大的金融、商业、管理、政治、文化中心，全日本30%以上的银行总部、50%销售额超过100亿日元的大公司总部设在东京，被认为是“纽约+华盛顿+硅谷+底特律”型的集多种功能于一身的世界大都市。

东京湾区经济的成功主要有四个方面的启示：①重视港城协调联动，实现港城共荣。临港工业使东京湾能够充分利用国际国内两种资源、两个市场，以沿海地区的大开发、大开放加速融入全球经济大循环，信息网络使现代枢纽港成为综合运输系统的“神经中枢”，确保与临港工厂的对接准确无误，电子商务和国际商务法规等因素也完善了东京湾的全球化大生产的生产方式。得益于港口群的带动，东京湾地区京滨、京叶两大经济带的发展形成了由东京、川崎、横滨、千叶等大城市构成的城市群，并逐步发展成为日本最大的重工业和化学工业基地。②重视交通等基础设施建设，促进各种资源要素的集聚。政府高度重视网络化体系建设，目前在东京市区之间、与周边城市之间的客运网络体系以轨道交通为主、高速公路为辅，交通等基础设施建设网络化促进了区域和周边城市之间的人口流动与都市产业布局调整。③确保东京都市圈建设有法可依。为了依法促进东京都市圈的建设，自 1956 年日本国会相继颁布了多部法律法规，并在东京都市圈建设的不同阶段，对相应的法律法规进行修改和完善。一系列法律法规的实施，使东京都市圈的规划建设有法可依，进而优化了东京湾经济带的产业空间布局，形成以东京为中心城市，带动周边次级核心城市相互依存，科学合理的布局。④强化高端服务功能。都市圈核心城市的发展需要相应的服务性产业，针对这一发展趋势，政府营造优良的港口服务业发展环境，积极引导投、融资向港口服务业倾斜，鼓励加快东京核心城市的第三产业发展。随着京滨工业区的兴起以及住宅、现代农业的发展，商业服务业也随之在东京都以外的地区发展起来。在东京都市圈第三产业发展过程中，服务业产值呈现出逐渐增加的趋势。都市核心区聚集了金融服务、商贸物流、生活服务、出版印刷等相关商业服务机构，涵盖了生产性和生活性服务业，成为都市核心区引领辐射带动效应的重要产业。

6.2.2 国内湾区经济

1. 深圳湾区经济

深圳地处广东省中南沿海地区，东临大亚湾和大鹏湾，与惠州接壤，南边与香港的新界为邻，西南面连接伶仃洋和珠江口，与珠海、澳门隔水相望，北边连接东莞。依山傍海的地理环境缔造了深圳舒适宜居的自然环境。该地区总面积 1 996.85 平方千米，总人口数近 1 100 万，背靠珠三角，毗邻香港使得深圳具有着得天独厚的地理优势。

深圳地处亚太主航道，大面积临海，在航运业拥有得天独厚的优势。近年来，深圳港经济社会迅速发展，并跻身世界三大港之一，2014 年货物吞吐量达

2.23亿吨，集装箱吞吐量超过7 000万标准箱。伴随自身地缘优势，深圳也受益于周边城市的集群发展。围绕珠江各个沿海口岸的众多港口城市，如香港、澳门、广州、惠州、东莞与深圳形成集群发展的业态，资金互通、人才互补、产业凝聚。2014年，深圳和香港的经济总量已经达到5 450亿美元，接近美国旧金山的生产水平，环珠江口城市群经济总量更是近8万亿元。享有“世界工厂”美誉的珠三角，其经济增长拉动了深圳港口物流市场的需求，为深圳港提供更大的发展空间，而深圳港的发展又能够促进珠三角区域的协调发展。

金融业、物流业、文化产业和高新技术产业为深圳经济的主导产业，金融业和高新技术产业对深圳的经济有着重要的支撑作用。2014年，深圳战略性新兴产业（包括互联网、新能源、新材料、新一代信息技术、生物和文化创意等产业）总规模接近1.9万亿元，占全市GDP比重高达35%。借由世界产业格局面临重新洗牌的契机，深圳继续保持互联网等相关产业的优势，同时拓展战略性新兴产业，成为最具影响力的创新城市。

1980年，在邓小平同志的倡议和广东省委的积极提议下，深圳正式成立经济特区。由于毗邻香港的特殊地理位置，深圳肩负着更高的特区使命。在经济全球化的国际背景及我国“一带一路”的新战略下，深圳着眼于战略引领，大力发展湾区经济，建设21世纪海上丝绸之路桥头堡。2015年8月，深圳市发布《关于大力发展湾区经济建设21世纪海上丝绸之路桥头堡的若干意见》①，提出到2020年，深圳基本形成湾区经济形态和布局；到2030年，建成创新能力卓越、产业层级高端、交通网络发达、基础设施完善、生态环境优美的全球一流湾区城市，成为在海上丝绸之路中具有重要影响力的核心城市。

其具体举措：一是打造湾区合作交流新优势，构建海上丝绸之路经贸合作枢纽，建设服务国家南海开发的战略基地，推动粤港澳世界一流湾区建设，促进前海成为海上丝绸之路重要战略支点。二是打造湾区创新驱动新引擎，强化湾区自主创新基础能力，优化湾区自主创新生态体系，建设面向全球的创新策源地。三是打造湾区高端产业新业态，大力发展金融贸易核心功能业态、高端技术研发业态和高端价值服务业态。四是打造湾区多港联动新格局，着力强化世界级海港枢纽地位，加快建设区域性国际航空枢纽，充分发挥多港联动效应，拓展湾区发展战略纵深。五是打造湾区城市环境新品质，营造

① 中共深圳市委．深圳市人民政府关于大力发展湾区经济建设21世纪海上丝绸之路桥头堡的若干意见［EB/OL］．http：//www.sz.gov.cn/zfgb/2015/gb912/201503/t20150310_ 2824920.htm，2015.03.10.

国际一流的营商环境、公共服务环境、城市环境和国际化氛围。

2. 厦门湾区经济

厦门湾位于福建省九龙江出海口，海湾湾口朝向东南，湾内有厦门东渡港区、海沧港区、漳州招银港区和后石港区。厦门港具有港阔水深、浪小、少淤等优越的自然条件，是我国东南沿海海岸线上一个重要的天然深水港湾。厦门港又位于我国综合运输大通道的交汇处，主体交通四通八达，为厦门湾内各港区发展外向型经济，扩大对外开放和发展，创造了良好的条件。厦门湾北岸为厦门市所辖，南岸为漳州市所辖。

2000 年经国务院正式批复的总体规划明确厦门城市性质为我国经济特区，东南沿海重要的中心城市，港口及风景旅游城市。厦门湾区在港口、风景、旅游等方面都发展迅速。港口方面，厦门港干线港地位得到加强，全年港口货物吞吐量为 2 734.51 万吨，集装箱吞吐量 175.44 万 TEU，分别比上年增长 30.28%与 35.66%。集装箱吞吐量在国内排名第七位，在国际百强港口排名前移，居前 30 强。在风景旅游方面，在原有的基础上，完善鼓浪屿—万石山风景名胜区的保护与建设，积极开发湾区旅游。厦门湾区与台湾仅一水之隔，单从历史根源和文化来看，与台湾之间的经济交流都有着其他地区无法替代的重要作用。

《厦门市城市总体规划（2010—2020）》① 提出总体城市设计要突出港口风景旅游城市特征，形成“环湾组团式”布局形态，城市景观重点突出山水相融、城景相依的海湾型城市景观特征，重点控制好湾区整体形象及滨水岸线的天际轮廓线。同时，厦门湾区以厦门为龙头，以漳州为纵深，增强高端要素集聚和综合服务功能，提升港湾一体化发展水平，推动形成集装箱运输干线港和现代物流中心。推动厦门湾区一体化进程，可以转化两市的资源互补优势为区域经济发展优势，提升闽南金三角地区城市集聚经济、产业集群经济、港口聚集经济；促进区域工业化，提升企业配套能力；提高区域城市化水平，扩张市场规模；并通过基础设施的互联互通有效促进区域腹地扩张，使厦门湾区成为资源、人才、资本信息汇聚的整体平台，从而大大提升其承接台湾经济辐射的能力，强化海峡两岸经济区的对台优势。

3. 青岛西海岸新区经济

青岛西海岸新区规划范围为青岛市黄岛区全域，陆域面积 2 096 平方千

① 厦门市规划委员会．厦门市城市总体规划（2010—2020）［EB/OL］. http：//news. xmhouse. com/bd/201501/t20150130_ 570993. htm，2015. 01. 30.

米，海域面积约5 000平方千米。2010年常住人口139万，规划期为2011年至2020年。新区处于京津冀和长三角两大都市圈之间核心地带，是黄河流域主要出海通道和欧亚大陆桥东部重要端点，与日韩隔海相望，具有贯通东西、连接南北、面向太平洋的区位战略优势。海岸线282千米，滩涂83平方千米，岛屿21处，沿岸分布自然港湾23处。陆域开发空间广阔，适宜建设用地约450平方千米。

以前湾港为主体的青岛港是我国五大外贸口岸之一，2010年货物吞吐量和集装箱吞吐量分别达到3.5亿吨和1 200万标箱。青岛西海岸家电电子、石油化工、汽车、造修船、海洋工程等产业基础较好，是我国重要的制造业基地和新兴海洋产业集聚区。航运服务业、物流业的规模也迅速扩大，发展前景较为明朗。区域经济的核心地位得到有力的奠定。第三产业自成体系且规模迅速扩大，大学教育的兴起，使拥有多所高等教育机构的西海岸的凝聚力和辐射力，出现了倍增效应。生态新区的发展理念形成共识，并正在成型。西海岸的资本构成、产业结构和投资环境，具有极大的后发优势。西海岸较少单纯由外商组成的产业链，其战略产业及产业链的组成主体，始终保持着一种合理的结构，产业发展的根系，始终深扎在西海岸的沃土中，并形成一种牢固、持久的对外资的吸引力。

2014年6月3日，国务院发布《国务院关于同意设立青岛西海岸新区的批复》[①] 同意设立青岛西海岸新区。作为蓝色经济区的重要组成，西海岸新区的规划将支撑青岛成为“国际湾区都市”。与此同时，青岛西海岸也正依托此良好的发展机遇，从而迎来全新的腾飞契机。西海岸经济新区的成立也将更好地实现青岛一体化建设，成为青岛经济、文化的聚集地，带动区域文化产业的大发展大繁荣。

青岛西海岸的战略定位为国际高端海洋产业集聚区、国际航运枢纽、海洋经济国际合作示范区、国家海陆统筹发展试验区、山东半岛蓝色经济先导区。为实现其目标，《青岛西海岸新区城市总体规划（2013—2030年）》[②] 指出其重要举措：一是优化空间布局，打破现有行政区划，统筹海陆资源，科

---

① 国务院．国务院关于同意设立青岛西海岸新区的批复［EB/OL］．http：//www.gov.cn/zhengce/content/2014-06/09/content_ 8870.htm，2014.06.09.

② 山东省发展改革委．《青岛西海岸新区城市总体规划（2013-2030年）》［EB/OL］．http：//www.huangdao.gov.cn/n44566445/n49810053/n165903357/n165903584/n177925459/c178193961/content.html，2016.07.05.

学规划生产、生活、生态功能区，构建“一心五区”空间开发格局；二是构建海洋特色产业体系，以培育战略性新兴产业为导向，做强临港先进制造业，大力发展海洋服务业，提升发展现代海洋渔业，构建海洋特色的现代产业体系；三是完善海洋科技创新体系，以提高自主创新能力为重点，建设以企业为主体、市场为导向、产学研结合的海洋特色区域创新体系，打造我国海洋科技产业化示范基地；四是建设国际航运枢纽，推进港口综合开发，建设深水化、大型化、专业化、低碳环保的第四代国际化港口，完善集疏运体系和市场交易体系，提升航运服务功能和国际航运资源配置能力，加快“交通运输港”向“贸易物流港”、“世界大港”向“世界强港”战略性转变，统筹海陆基础设施建设；五是统筹海陆、城乡布局，加快构建交通网络便捷畅通、能源保障安全清洁、水源保障充足高效和公用设施配套完善的一体化基础设施体系；六是加强海洋生态文明建设，加强海陆生态保护，合理开发利用海域和岸线资源；七是构筑生态安全屏障，到2020年，森林覆盖率达到50%以上，空气质量优良天数达到330天以上；八是实施新区城乡统一规划建设，引导公共资源均衡配置，放宽落户条件，提高建成区人口密度，构建城乡产业、基础设施、公共服务一体化发展格局；九是突出体制创新，加强开放合作，强化政策支持和人才支撑，构筑支撑新区开发建设的保障体系和动力机制。

6.2.3 湾区经济发展的规律

湾区经济被认为是当今国际经济版图的重要组成和突出亮点，是国内外一流滨海城市普遍实施的发展战略，如纽约湾区、旧金山湾区、东京湾区和国内的环珠江口湾区、环渤海湾区等，均针对区域内的自然条件、产业发展、经济环境等不同特征制订和实施了详细而完备的湾区经济发展规划。而由杭州湾、三门湾和象山港构成的宁波湾区作为我国沿海地区的重要组成部分，是浙江省乃至全国最具活力、最具实力和最具发展潜力的区域之一。在全球大力推进“湾区经济”背景下，适时提出建设宁波湾区经济，不仅是对宁波城市经济建设工程的重要推进，更是对国家“一带一路”政策和沿海经济战略的有力响应。因此如何对湾区经济的发展做好完善合理规划是亟需关注的重点，“创新”作为时下的关键词，本文将从该角度出发，对宁波湾区经济从理念创新、路径与模式创新（优化）、政策体系创新和空间结构协调创新四个方面展开论述。

1. 国内外湾区理念发展演变

（1）湾区经济发展阶段演替。

纵观世界典型湾区经济，大致经历了港口经济、工业经济、服务经济、创新经济 4 个发展阶段（表 6-3）。通过梳理不同阶段湾区经济发展理念的变化，可以发现，随着时间的发展和全球经济的提升，湾区经济发展的指导理念从最初的发展港口特色产业为主，转变为以工业为主导，发展临港工业，进而发展港口服务业，最终落实到发展信息产业的新型创新经济业态上来。这些变化凸显了湾区经济的时代特征，也表明了在不同历史阶段下的生产力水平和主导产业的兴盛程度对湾区经济发展极为重要的指导作用，可为未来全球其他湾区制定湾区经济规划时提供重要的参考和借鉴。

表 6-3 湾区经济理念及实践历史演变特征

历史阶段	时间	阶段特征	主导产业
港口经济阶段	20 世纪 50 年代以前	受制于当时的经济社会和生产力发展水平，港口的功能主要是通过连接各种运输方式来进行货物中转运输，发展相对单一的港口经济，对城市经济发展无显著的推动作用	与港口转运相关的装卸、仓储、运输、设备提供以及船舶修理等
工业经济阶段	20 世纪 50—80 年代	该阶段工业文明兴起于海洋运输的叠加优势进一步推动了临港工业的集聚发展，经济活动也不再局限于港区，扩展到周边区域	临港工业
服务经济阶段	20 世纪 80 年代到 20 世纪末期	以服务业为主导的经济业态迅速发展，围绕临港工业和对外贸易，催生了一批以广告、产品设计、金融、保险、会计、法律、公关等为主要内容的新兴业态，极大地推动了服务业发展，湾区城市也由原来的制造业中心向生产性服务业如金融中心、贸易中心、信息中心等转变	港口服务业
创新经济阶段	20 世纪末至今	信息产业成为湾区的主导产业，并形成区域多中心共同发展格局，经济活动范围拓展到更广区域	创新产业、信息产业

（2）湾区经济理念识别与升级。

如表 6-4 所述，不同学者对于湾区的定义不同，反映在湾区经济上则表现为关注领域和层次的差异。例如，有的学者侧重于研究湾区经济的产业经济特征，有的学者关注于湾区城镇与湾区经济发展的联系，有的学者探求沿海湾区港口群和城镇群的发展特征等等。通常，从自然地理学角度对湾区的解释，即为一个海湾或者相连的若干个海湾、港湾、邻近岛屿共同组成的区域，因此在研究上更多是将此概念进行范围化，而随着对全球湾区的研究成果越来越多，“湾区经济”也越来越趋向于成为一个一般化的区域经济学概念——依托世界级港口（群），发挥地理和生态环境优势，背靠广阔腹地，沿海湾开放创新、集聚发展，具有世界影响的区域经济。学者们关注的研究领域也已从最初的局限于关注如何使区域经济快速发展而拓展为关注湾区多领域多层次和谐健康发展的问题之上。

表 6-4 我国部分学者湾区及湾区经济概念定义特征

学者	湾区		湾区经济		研究区域
	定义	关键词	定义	关键词	
俞少奇	湾区是指一个海湾或相连若干个海湾、港湾、邻近岛屿共同组成的区域	海湾；组成区域	湾区经济是一种滨海经济形态，依托湾区较强的产业带动能力、财富集聚功能以及资源配置手段，发展成为引领全球技术变革、带动世界经济发展的重要增长极和核心动力源	滨海经济形态；增长极；核心动力源	东京湾区；旧金山湾区；纽约湾区；天津湾区；深圳湾区；宁波杭州湾新区；福州市滨海湾区
李睿	湾区是处在一国大陆与海洋接壤的边远地区，是由面临同一海域的多个港口和城市连绵分布组成的具有较强功能协作关系的城市化区域	边远地区；港口；城市化区域	湾区经济不仅是一个区域概念，还是一个产业概念，即还需要有临港产业群，或称为濒海产业圈，只有两者结合一块才能被称作“湾区经济”	产业；临港产业群；滨海产业圈	东京湾区；旧金山湾区

续表

学者	湾区		湾区经济		研究区域
	定义	关键词	定义	关键词	
申勇	一个海湾或者相连的若干个海湾、港湾、邻近岛屿共同组成的区域	海湾；区域	湾区经济是指依托有利的湾区地形、世界级城市群以及开阔的海洋通道，充分发挥开放功能，集聚资源要素，影响和引领世界经济发展的重要的开放型经济形态	湾区地形；城市群；开放型经济形态	深圳湾区
陈德宁	认为湾区一词多用于描述围绕沿海口岸分布的众多海港和城镇所构成的港口群和城镇群	海港；城镇；港口群；城镇群	由湾区衍生的经济效应即为“湾区经济”	湾区衍生；经济效应	粤港澳大湾区

对于湾区经济的研究，国外开展较早，研究成果较多。我国直到 20 世纪末才开始涉及，近几年随着“一带一路”倡议和国家沿海经济发展政策的制定与实施，相关研究才变得兴盛起来。总体来看，国外学者由于研究历史较长，所以在研究深度及方法的使用上较国内学者处于领先地位。如日本学者 Tetsuya Akiyama 构建了土地利用模型，对东京湾区政府的规划工作进行了回归和检验分析；Volberding 研究了全球化背景下旧金山湾区与中国经济崛起之间的关系，认为在过去 10 年间，港口、高新技术以及绿色科技在两者关系中占有重要地位；Alex Schafran 采用多尺度来衡量人口、政策、资本三个相互关联的因素如何影响旧金山湾区的经济发展；Jelmer W. Eerkens 采用结构模型捕获航空公司的决策变量，分析旧金山湾区的航空—机场协定对航空公司行为和机场拥堵的影响。但仔细梳理不难发现，国外对湾区经济的研究均局限于某个特定区域，本质上并未将“湾区经济”作为一个一般化的区域经济学概念（模式）并利用经济学原理进行解析。而我国学者的研究则更多的采用定性分析的方法，将研究的国内案例区域与国外先进湾区进行对比研究，从而总结发展经验，为湾区经济的发展提出建议。如李凡等以旧金山与深圳的地理区位和发展历史为切入点，阐述两座城市湾区经济模式在形成过程中的

相似之处，然后深入比较旧金山与深圳的优势产业、城市定位、创新氛围及研发环境，汲取旧金山湾区经济发展经验，提出深圳发展湾区经济的对策建议。俞少奇梳理国内外著名湾区城市发展湾区经济的实践经验，并总结其对福州发展湾区经济的思路启发，进而提出合理发展建议。

2. 湾区经济发展理念创新的必要性

湾区经济建设是我国沿海都市圈建设中的一大热点，吸引着无数学者和研究者的关注。但是在湾区经济开发过程中，由于开发者的理念不科学、管理不创新、发展不适度等原因，出现了诸多问题，尤其是国内的许多湾区，在开发建设方式上存在较多问题。有的湾区走上了先开发后治理的路子，有的湾区面对问题难以下手解决，还有的湾区虽然开始着手治理但收效甚微，这些问题归根究底在于规划和开发的不健全，在开发理念上较为陈旧和不科学。因此湾区经济建设的理念创新研究迫在眉睫，只有构建了科学而创新的理念系统，才能从源头上为规划决策、开发实施提供理论支持和方法借鉴，实现湾区的科学开发和持续发展。

（1）湾区经济发展定位理念创新。

目前全球60%的经济总量集中在入海口，75%的大城市、70%的工业资本和人口集中在距海岸100千米的海岸带地区，当今世界经济形态的“龙头”多数都是地处湾区的大都市，在全球排名前50的特大城市中，港口城市占到90%以上。港口城市作为湾区经济的重要依托和载体，是湾区经济发展优劣程度的直接体现。因此，制定一个科学正确的湾区经济发展定位对于湾区的发展有着至关重要的作用。如前文所述，若想使宁波湾区早日迈入湾区经济的创新经济时代，需要加快提升湾区的整体创新能力，重点发展高新技术产业，大力发展杭州湾和梅山两大升级产业集聚区，继续做大做强汽车制造、进出口贸易等产业，引进新兴高端服务业态，加速产城融合，提升城市品位。加快推进涉海产业功能区块建设，重点推动梅山新区、国际海洋生态科技城、象山临港重装备产业园、宁波南部滨海新区等湾区经济功能区块特色发展、错位发展，推动经济社会发展从“要素驱动”向“创新驱动”转变，真正打造一个开放和谐、公平有序、科技引领、低碳宜居的新型湾区。

（2）对外开放理念创新。

湾区经济自身具备对外开放度高的特点，如何利用好这一特点并使之成为湾区经济发展的重要途径是值得思考的重要问题之一。如马忠新研究所述，经济增长速度、文化包容性、人力资本水平以及基础设施便利性等因素决定了湾区经济的开放格局，经济增长速度、文化包容度和对外开放度对产业发展有着显著的正向影响效应。以往的对外开放理念更多的落实在“对外”之上，现阶段的发展需要突出“对外”与“对内”的相互结合，在做好对外积极开放的基础上，湾区内部应当合作协调，建立有效合作平台和竞争机制，通过差异化定位于错位互补，并同时注重发挥湾区经济增长极的辐射带动作用，从而引领整个湾区的发展，此类“对内”实质上也是湾区内部自身的“对外”。

（3）区域管理理念创新。

发展湾区经济是宁波市抢抓国家建设21世纪海上丝绸之路战略机遇的重大举措，因此湾区在管理上需要加大重视力度，传统意义上的管理理念强调对区域社会、经济发展上的统筹，容易忽视对环境的管理和治理，而环境作为湾区经济的发展前提和重要资源来源，同时也是凸显湾区发展等级的关键，在发展中亟须重视。尤其在水环境治理方面，努力将宁波湾区打造成集经济发展、安全宜居、人文休闲等多重优点的生态新型湾区。

3. 湾区经济发展路径

（1）前期规划布局。

21世纪以来，全球掀起了新一轮的海洋开发浪潮，各沿海国家均把海洋开发上升到国家发展战略的高度。作为海洋经济的代表领域，湾区经济的规划和发展也日益兴盛起来。与以往的政策相比，现阶段的“湾区经济”概念更多的是基于地理特征和地域分工的一种经济社会活动集合，强调（国际化与现代化）城市发展形态与（现代服务业、总部经济、高新技术、金融产业、海港工作带等）经济发展形态的结合。通过对国内外相关典型案例的梳理，发现对湾区经济的发展规划主要从三个层次面展开，即集跨界协作区、新兴经济区、核心功能区于一体进行发展规划，如表6-5所示。

表6-5　湾区经济的三个层次规划目标

功能区	交通优势	城镇布局	生态环境	产业结构
核心功能区	国际性经济物流中枢	空间布局合理，要素自由流动	低碳、绿色环保	高端服务业与信息网络
新兴经济区	交通引导道路网络与跨江通道建设	新城镇规划与行政中心的调整	注重保持海岸地貌完整与地质结构平衡	港口经济圈与新兴产业集群

续表

功能区	交通优势	城镇布局	生态环境	产业结构
跨界协作区	跨界基础设施衔接，通关一体化	跨界地区空间合作	生态安全、水气污染监控	CEPA 主导跨界合作

资料来源：中国规划网

不仅如此，湾区发展规划还需具备以下五个条件：

第一，必须拥有强大的产业集群带。产业集聚带来的基础设施和要素市场的公用性、产业连锁的便捷性、信息汇流的通畅性，是产业集聚的正面效应，有利于湾区经济实现规模效应。

第二，必须形成强有力的经济核心区。在经济全球化的大背景下，经济区域的核心区往往是“多核”的，是一个多层级的城市集群，区域之间会呈现出“多元、多核、叠合、共生”的新形态。

第三，必须拥有广阔的经济腹地。湾区的经济腹地是整个湾区所能覆盖或影响的广大地域或区域。湾区如果腹地窄小，大都市圈和大规模产业集群缺乏发展空间，也就不能形成湾区经济。

第四，必须拥有完善的经济交通网络。一个成型的经济区域，是靠完善的市场网络、交通网络和信息网络这三层网络来支撑的。湾区内外市场、交通、信息三层网络的有机聚合，使得湾区的产业集聚和城市集聚产生“放大效应”。其中，区域必须具备交通枢纽的作用，拥有良好的海陆空交通体系。

第五，必须拥有一大批科研与教育机构、创新性国际化领军人才。从世界各国著名湾区发展历程看，科研与教育机构是湾区发展成功的基本条件之一。

梳理国内湾区经济的发展规划实践，结果如表 6-6 所示，可以发现国内的不少湾区都制定了详细的湾区规划政策，在规划的内容上也与国际相关的先进理念接轨，但是仍需进一步落实，并进行适当的调整。湾区的发展与规划是一个复杂长期的过程，促进湾区经济的崛起，需要产业的适时转型升级以及经济、社会、环境、资源等整个社会生活的优化。

表 6-6　国内湾区经济发展规划实践

湾区	规划实践政策
环泉州湾	打造环泉州湾都市圈，通过合理组织圈层和发展轴，实现泉州湾的复兴，形成集聚效应，使泉州湾成为未来泉州都市区新中心
厦门湾	以生态环境的修复与改善为前提，以多样化的城市功能发展为依托，以景观环境的塑造为重点，推行紧缩型的城市发展模式
香港维多利亚湾	建设现代都市型的环湾城市，规划突出了湾区和城市内部的联系和方便易达的滨海交通，建立完善的公共交通体系、人行系统，方便地将市民和游客带往滨海区
环珠江口湾区	成为全面落实 CEPA 的先行区、转变经济发展方式的示范区以及粤港澳联合打造全球城市区域的核心区

（2）主导产业类型分异。

据不完全统计，目前世界上有知名海湾几千个，知名海湾城市几百个，随着时代的发展，湾区的开发建设已取得了巨大成效，湾区经济在国外的发展已经十分成熟。通过比较研究世界发达湾区以及国内主要湾区的基本情况和发展历程，探讨不同产业类型下的湾区经济发展模式，归纳其发展上的特征，结果如表 6-7 所示。

表 6-7　当前湾区主导产业类型及典型湾区

主导产业类型	类型特征	典型湾区
科技创新导向型	科技创新资源集聚以滨海旅游业和海洋高科技产业为主要特色	旧金山湾区
海洋产业导向型	海洋渔业、港口及海运业和造船业，海陆统筹滨海旅游业为代表的第三产业增长迅速	东京湾区
滨海旅游与运输导向型	依托湾区旅游资源与地理优势，发展滨海旅游业和船舶运输业	浮山湾区
临港海洋制造导向型	大力发展海洋船舶维修业、海洋船舶制造业、海外加工出口工业	新加坡湾区

6.2.4　对宁波湾区经济培育的启示

湾区发展与规划是一个复杂长期的过程，区域规划将在理性分析之基础上需要更多的系统前瞻性思路以协调多层次的发展目标，实现可持续的发展过程。湾区经济的演进历程、动力机制转化和国外成熟湾区的发展经验对宁波湾区经济发展有诸多有益的启示。通过国内外湾区经济发展，可得出如下启示：

首先，国际三大湾区发展模式和核心竞争要素有所不同，这意味着国内城市在以国外一流湾区经济建设为标杆、大力发展湾区经济的同时，更应注重结合当地经济发展特色，力求打造立足区域发展实际的特色湾区模式。

第二，开放的经济结构、高效的资源配置能力、强大的集聚外溢功能、发达的国际交往网络是湾区经济发展的本质特征，而这种本质条件的打造无一不需要体制机制创新作为保障。因此，国内众多城市在力推湾区经济发展时，更应注重通过体制机制创新释放区域创新发展活力，不断增强区域经济增长内生动力。

第三，强化港口基础设施对湾区经济的支撑作用。湾区经济因港而生、依湾而兴，因率先接轨世界经济而占据先发优势，港口城市成为对外开放的窗口，港口基础设施建设直接关系港口的业务能力、服务水平以及未来发展前景。

第四，注重开放性和市场性体制建设对湾区经济的推动作用。发达的市场经济和开放的市场格局是全球一流湾区建设的共同特征，同时也是推动湾区经济发展的内生性因素。在推进湾区经济建设过程中，要注重发挥市场在生产、生活、生态协作关系中的决定性作用，同时，要注重湾区本身优质要素与外界优质资源的良性互动关系，营造一个良好的要素流动氛围，保障湾区经济的持久创新活力。

第五，发挥政府规划对湾区经济的引导作用。在湾区经济业态的演进过程中，难免出现资源匹配度低、市场信息不透明、市场无序等问题。此时，政府要做好湾区经济发展的宏观规划和体制机制建设，强化政府政策对湾区经济建设的导向作用，加快湾区经济发展进程。由于湾区开发意味着规划智力资源在该区域更加密集的投放，意图实现更丰富的规划发展目标，因此在这个整体性过程中应充分考虑不同层次目标需求、不同部门及各地方政府之间的统筹协调关系。

第六，湾区开发的核心问题是重视有限的资源环境承载力与长期发展过程之间的矛盾，尤其是湾区可开发土地资源的相对有限性，因此需要依据自然地理特征适度转变土地利用方式，对湾区的资源进行合理的规划和布局。

保护善用湾区自然景观与空间特征也是实现湾区多层次功能内涵的关键，因此应以此作为约束各类开发行为的基本标准，以确保在满足近期发展需求的同时，避免无序开发和重复、低效利用。在开发前，需要结合湾区特殊的自然环境特征，制定更加具体有针对性的规划设计标准准则，完善对各类规划的落实监管机制，实现湾区景观优势与功能开发的相辅相成。

最后，不断探索、推进湾区发展模式的转变。湾区要大力发展教育、科技和文化等事业，完善基础设施建设，改善融资环境，发展滨海旅游与休闲产业，吸引总部经济与现代服务业。湾区崛起的背后，是产业的转型升级以及经济、社会、环境、资源等整个社会生活的优化，是城市结构的转变。

7 宁波湾区资源环境本底与利用问题诊断

7.1 宁波杭州湾、象山港、三门湾范围界定

杭州湾是一个喇叭型海湾，有钱塘江注入，湾内水域潮强流急，也是中国沿海潮差最大的海湾，水动力条件良好，环杭州湾地区正在逐步向长江三角洲先进制造业基地和现代化城市群发展迈进。宁波市境内的杭州湾岸段位于杭州湾南岸，包括余姚市和慈溪市的部分乡镇，共计 11 个乡镇，具体如图 7-1 和表 7-1 所示。

表 7-1 宁波市杭州湾范围

市（区、县）	乡镇（街道）
余姚市	小曹娥镇、黄家埠镇、临山镇、泗门镇
慈溪市	庵东镇、新浦镇、附海镇、道林镇、观海卫镇、掌起镇、龙山镇

象山港是宁波市东南沿海一个半封闭式的深水港湾，港域狭长，岸线曲折，港区跨越奉化、宁海、象山、鄞州、北仑五个县（市、区）。研究区范围依据山脊线和行政区划划定，包含上述五个市（区、县）管辖的 22 个乡镇（街道），具体如图 7-1 和表 7-2 所示。

表 7-2 宁波象山港区域范围

市（区、县）	乡镇（街道）
北仑区	白峰镇、梅山乡、春晓镇
鄞州区	瞻岐镇、咸祥镇、塘溪镇
奉化区	松岙镇、裘村镇、莼湖镇
宁海县	西店镇、强蛟镇、深甽镇、大佳何镇、梅林街道、桥头胡街道、桃源街道
象山县	西周镇、墙头镇、大徐镇、黄避岙乡、贤庠镇、涂茨镇

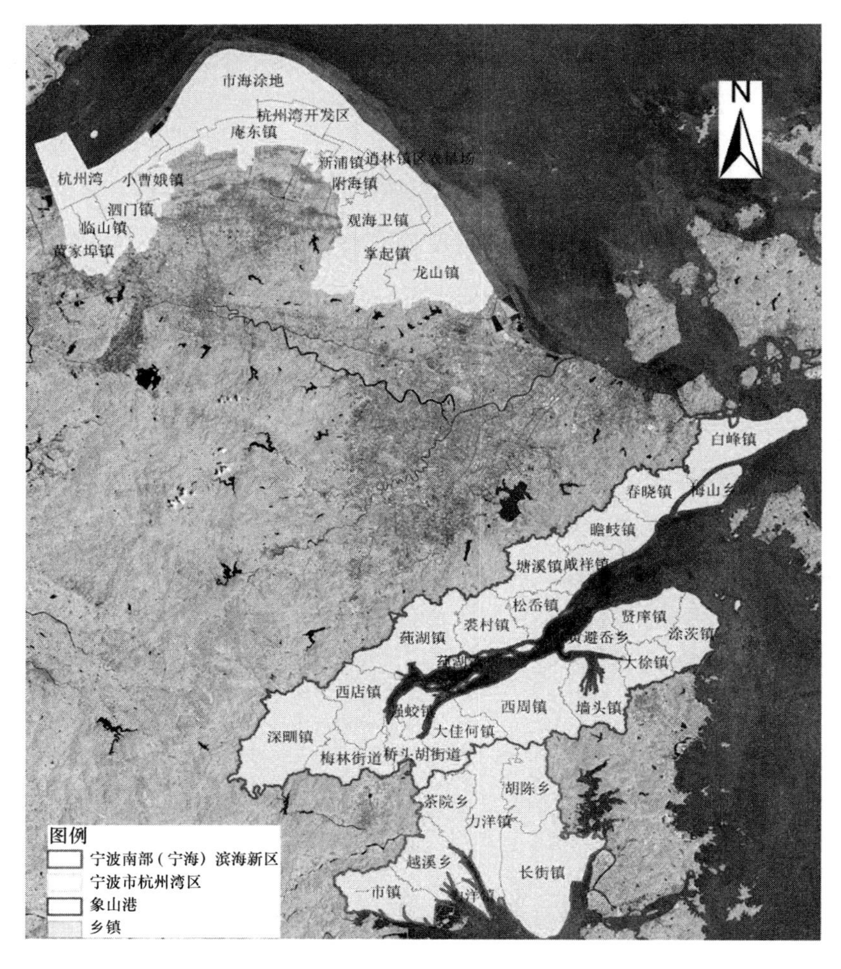

图 7-1 宁波市杭州湾、象山港、三门湾研究范围

三门湾区域位于浙江省海岸中段，链接甬、台两市。湾口面向东南，以“金柒门—三门岛—牛头山”的连线为界与东海相连，除了尖洋岛北面有石浦水道与外海相通外，三面环陆。湾内有 6 个良好深水港汊和淤泥舌状滩地相间分布，主要为岳井洋、胡陈港、沥洋港、蛇盘北港、蛇蟠水道（台）和健跳港（台），宛如五指巨掌伸入浙东大陆，构成了独特的港湾淤泥质地貌。宁波市三门湾区域位于宁海县，现称宁波南部（宁海）滨海新区。宁波南部（宁海）滨海新区位于宁海县域最南端，隔三门湾与台州市的三门县相望，陆域涉及 3 镇 3 乡行政范围，分别为长街镇、一市镇、力洋镇、越溪乡、胡陈乡和茶院乡，加上海域面积，该区域范围约 623.58 平方千米。

7.2 宁波杭州湾、象山港、三门湾的资源环境本底分析

7.2.1 宁波市杭州湾区域资源环境本底

1. 海域环境概况

杭州湾位于我国东部沿海的中段，北岸为长江三角洲和杭嘉湖平原，南岸为宁波平原和三北平原，东部有舟山群岛间各水道沟通东海，西部和钱塘江河口区连为一体，水上对外交通条件较好。

杭州湾地处中纬度北亚热带季风气候区，四季分明，年温适中，雨量充沛，年日照约 2 000 小时，多年平均降水量为 1 200～1 500 mm/a。光、热、水等条件配合良好，灾害性天气少，土壤肥力较好。

杭州湾是典型的喇叭型强潮河口湾，湾口南汇咀—甬江口断面宽达 100 千米，湾内澉浦附近缩窄到 21 千米。喇叭型海湾对杭州湾潮流运动、泥沙淤积、岸滩演变带来巨大影响。湾口至乍浦水下地形平坦，水深 10 m 左右，乍浦以西水下地形迅速抬高，进入庞大的沙坎地形，形成举世闻名的钱塘潮。

杭州湾与长江口相毗为邻，长江年径流总量为 9.25×10^{11} m^3，年输沙量达 4.86×10^8 t。大量的径流和丰富的泥沙在河口扩散入海，部分水沙还进入杭州湾参与杭州湾泥沙运移。杭州湾南岸的庵东浅滩前缘及北岸的南汇咀滩地前缘，是泥沙的主要淤积区。由于活动泥沙多，采取适当工程措施后，促淤速度也较其他地区更快。杭州湾的海涂资源丰富，围海造地和垦殖利用的潜力很大。但另一方面，由于泥沙的回淤、岸滩的演变和主槽的摆动，增加了港口和航道的开发利用难度。

杭州湾口外的年平均潮差只有 2.5 m 左右。由于喇叭口和沙坎的存在，当大洋潮波进入湾内以后，潮波变形，潮差增大，杭州湾湾顶潮差为湾口以外的两倍多，湾内澉浦站历史最大潮差达 8.93 m（1951 年），潮流速在湾口约为 2 m/s，向湾内增加，至湾顶可达到 4 m/s 以上。由于杭州湾特殊的地形、地貌，潮强流急，形成较丰富的潮汐能、潮流能、波浪能等海洋能源。

杭州湾由于潮差大、潮流急，沉积物相对较粗，岸滩冲淤变化剧烈，故使海洋生物缺乏良好的生态环境，不利于水产养殖业的发展。然而，杭州湾两岸平原区河网密布，淡水养殖业却具有良好的发展前景。

杭州湾地区降水量充沛，钱塘江、曹娥江、甬江等河流注入杭州湾。杭

州湾南岸宁波平原及三北平原，目前在一般年份基本上不缺水，但在干旱年份缺水严重，随着国民经济的发展，预计供求矛盾将更加突出。为彻底解决用水的供求矛盾，还需从外流域调水。此外，地表水目前有不同程度污染，需对水资源进行保护和综合治理。宁波平原、三北平原深部埋藏的含水岩组，水质为微咸水及咸水，局部范围内有淡水透镜体存在。杭州湾地区地质条件比较稳定，地震活动强度弱、频度低，属基本稳定区。

总之，杭州湾区域气候条件较好，有利于农业发展，水动力强、泥沙多，既有利于土地资源的扩大，又有较多的海洋能源蕴藏，但同时也会造成岸滩不稳定，港口建设、海岸防护、航道开发难度大，对海洋生物生长不利等不良影响；有一定的水资源，能满足一定的工农业发展需要，但必须注意合理运用，防治及治理环境污染。地质稳定性较好，有利于工业及航运的发展建设。另外，由于位置适中，港口交通都有进一步发展的需要与可能。同时，人口文化素质较高，有利于发展和应用现代高新技术。其不足之处在于能源严重不足；大型骨干工业少；在交通上，海运与内河航运大都未能联网运输，陆路交通偏紧，将影响经济的进一步发展。

2. 海洋资源

（1）港口岸线资源。

杭州湾两岸具有良好港口岸线及航道资源，主要分布在杭州湾北岸的澉浦以东至上海南汇一线，杭州湾南岸宁波北仑、镇海一带。

杭州湾南岸慈溪龙山至镇海（甬江口）岸段，以宁波、镇海等城市为依托，与宁波深水港——北仑港毗连，至1978年开始扩建的镇海港，与老港、北仑、大榭、穿山北、梅山和定海、沈家门、老塘山、高亭、衢山、泗礁、洋山、绿华、六横、金塘、马岙等港区共同组成了宁波—舟山港口区。宁波—舟山港口区为“长三角”及长江沿线地区重要物资的转运枢纽，上海国际航运中心的重要组成部分，为煤炭、矿石、石油等大宗战略物资大进大出的储备中转基地，适应以能源、修造船、重化工、钢铁等临港产业发展的基地，适应以集装箱运输为载体的对外贸易持续稳定发展的物流基地。宁波港进港航道众多，其中由外海经虾峙门水道、条帚门水道、崎头洋水道、螺头水道、金塘水道后直抵北仑等港区的东航道，为通航大型远洋船舶的理想通道。

（2）滩涂湿地资源。

杭州湾湿地是我国南北滨海湿地的分界线，是泥质海岸向石质海岸的过渡带。长江径流携带的泥沙相当部分扩散南下进入杭州湾，为杭州湾带来大量的泥沙，形成以堆积为主的海岸，演化为丰厚的滩涂资源，其量居浙江省首位。宁波市滩涂资源面积约为 4.05×10^4 hm^2，占杭州湾周围行政区滩涂资源面积之首。宁波市海岸以淤涨型为主，其滩涂资源主要分布在余姚、慈溪两市交界处的西三闸—甬江口北的岸段上，面积达36 613.3 hm^2，主要湿地类型为浅海水域、潮间淤泥海滩、潮间盐水沼泽和库塘。湿地的主要土壤类型为滨海盐土类的潮滩盐土亚类，下属滩涂泥土 1 个土属，粗粉砂涂、泥涂和砂涂 3 个土种。海岸线近端新形成滩涂上主要分布的早期物种还有三棱草和糙叶苔草，向内陆方向延伸主要分布着芦苇和柽柳等，而较早形成的滩涂则主要被白茅和旱柳占据。

（3）渔业资源。

杭州湾和钱塘江水域面积广阔，适宜多种水生生物的栖息、生长和繁衍，而且长江带来的大量营养物质，是杭州湾海洋渔业生物资源丰富的重要因素之一。

杭州湾的潮间带生物有 235 种，主要包括软体动物（92 种）、甲壳动物（70 种）、鱼类（50 种）3 大类。潮间带年平均生物量为 46.94 g/m^3，分布密度为 318 个/m^3，生物种类主要有焦河蓝蛤、泥螺、渤海鸭嘴蛤、中国绿螂、四角蛤蜊、彩虹明樱蛤、珠带拟蟹守螺、锯缘青蟹等。杭州湾是多种江河性洄游鱼类产卵和仔鱼生活的场所，游泳生物主要以近岸中小型鱼类为主，一般可分为三类，即：洄游性类型、海水鱼类和咸淡水类型（河口性鱼类）等。湾内出现季节长和频率高的优势种类主要有凤鲚、刀鲚、银鲳和龙头鱼等。此外，杭州湾底栖生物量年均仅为 0.35 g/m^3，底栖生物密度为 13.5 个/m^3，属浙江省沿海密度最低生物区。

（4）旅游资源。

杭州湾沿岸地区拥有较为丰富的旅游资源，著名的有钱塘江、平湖九龙山、海盐南北潮、慈溪杭州湾湿地、乍浦古炮台、甬江海防史迹、镇海后海塘史迹等自然、生态及人文景观，以及杭州湾跨海大桥、秦山核电、独山、乍浦及镇海、北仑港区等桥梁、工业、港口旅游资源。

（5）鸟类资源。

杭州湾冬季水鸟种类和数量较多，以雁鸭类和鸻鹬类为主，也是浙江海岸湿地水鸟资源最集中的地区，有41 种，隶属于7 目10 科，尤其慈溪三北浅滩是多种候鸟在华东的主要越冬地和迁徙驿站。

3. 水体环境

杭州湾是一个河口水与外海水相互交汇剧烈的水域。2008—2009 年间该海域的 pH 均能达到一类海水水质标准；化学需氧量除个别区域达到二类海水水质标准外，大部区域均能达到一类海水水质标准；活性磷酸盐含量超出四类海水水质标准的比例逐渐升高；无机氮含量则 100%超出四类海水水质标准。

杭州湾水体的化学需氧量值在丰水期呈逐年升高的趋势（2005 年略有降低），但总体相对较低，2004 年、2005 年和 2007 年全都达到一类水质标准，2006 年及 2009 年仅个别站位超出一类水质标准，而 2008 年超一类水质标准的站位增加并且是近 6 年来超一类站位最多的，2009 年有所下降，但仍有站位超一类标准。2004—2009 年间，化学需氧量值略有上升，这说明杭州湾水域受有机物污染呈逐步升高趋势。

杭州湾海域的无机氮含量自 2004 年至 2006 年的丰水期呈下降趋势，降幅达 63. 3%，但 2007 年、2008 年、2009 年无机氮含量又呈回升趋势。杭州湾无机氮两个水期自 2004 年到 2009 年几乎都为超四类海水水质标准（0. 50 mg/L），污染非常严重。活性磷酸盐也是杭州湾海域重要的污染因子，丰水期总体呈现震荡上升趋势，2005 年、2007 年和 2009 年多数站位为四类和劣四类水质，2004 年和 2008 年的大部分站位则符合三类水质。

杭州湾的化学需氧量和活性磷酸盐总体上呈从高到低依次为湾内、湾中、湾口的分布趋势；无机氮分布呈现南岸高于北岸的趋势。引起化学需氧量、无机氮和活性磷酸盐呈现上述分布特点的原因为：长江、钱塘江等江河的径流每年携带大量的营养盐类进入杭州湾海域，高氮含量盐类的输入引起湾内营养盐结构的变化，形成湾顶水体氮、磷及化学需氧量含量高、湾口水体含量较低的分布态势。另外外海水的入侵及沿岸流的南下，使不同的水团在湾中和口门段海域交汇，海域水体中的污染物质在湾中及口门段的稀释、扩散以及生物、化学的降解过程加快，水体中的氮、磷含量通过海洋自身的净化作用而明显降低，因此在一定程度上又改善了湾口段的水质。

7. 2. 2　象山港区域资源环境本底

1. 海域环境概况

象山港地质上是一条东北向西南走向的斜谷。自东北向西南方向深入内陆，纵深 60 千米，为一狭长型的半封闭海湾。东北出口通过佛渡水道与舟山海域毗连，并通过牛鼻山水道沟通与东海的联系。

海岸曲折、海底地形复杂，而且港中有湾，湾中有港，西沪港、黄墩港、铁港就是象山港内的三大支港。水域总面积为392平方千米，潮滩面积为171平方千米。港内水深浪静，泥沙回淤甚少，港内有大小岛屿59个，总面积达10平方千米，其中最大的缸牌山，面积为3平方千米。

港内气候温和，雨量充沛，四季分明，年平均温度在16.4℃。最热月在8月，均温为26.5~27℃；最冷月在1月，均温3~7.2℃；港区极端低温出现频率小，持续时间短，低温值变差小。港区年降水量1 300 mm，相对湿度80%左右，温湿调匀，植物生长茂盛，有利于林业和食草畜禽的发展。

象山港属正规半日潮，潮差自口门向港内渐增，在港顶的年平均潮差为3.91 m。象山港内纳潮量大，落潮流速大于涨潮流速，实测表层最大落潮流速为183 cm/s，最大涨潮流速154 cm/s。水体交换受涨落潮流控制，在口门附近，上层余流几乎流向海外，底层则多指向港内。据计算，在西沪港以东口门海域，水体交换50%需19天。象山港内水体含沙量低，泥沙回淤少。

象山港流域面积1 455平方千米，溪流带来淡水和丰富的营养盐，生物饵料丰富。潮间带环境适合生物栖息、生长和繁殖，因此水产资源丰富。潮滩涂质细软，涂面平坦，环境稳定，宜贝、藻类增养殖。

2. 海洋资源

象山港海洋资源丰富，有较高的开发利用价值和发展前景。主要资源有：港口资源、滩涂资源、渔业资源、潮汐能资源、矿产资源和旅游资源。

（1）港口资源。

象山港位于六横岛西侧，南北两侧为象山半岛和穿山半岛，是一个东北-西南走向的狭长型半封闭港湾。口门宽广，约20千米，出东北通过佛渡水道与舟山海域相连；港内较窄，约3~8千米。水深中部为最，最大水深在30 m以上，口门和港底部较浅，一般在10~20 m之间，港内潮流平稳、无淤积、航道宽阔、最大潮差5.4 m，万吨轮可候潮进出。沿岸陆域条件较好，宜建港岸段大多有陆域可以依托。目前象山港岸段开发除部分军用及在横山、西泽、白墩、薛岙、湖头渡等址兼有民用港以外，港区内还有西沪港、铁港、黄墩港三个优良的港中之港，港域水面宽均为1.8千米，水深条件较好，距岸50 m处水深8 m，有多处适宜建造3 000~5 000吨级码头的岸线。

（2）滩涂资源。

滩涂资源是象山港一种重要的自然资源，自北仑峙头角至香山钱仓超过270千米的岸线范围内，共有海涂约1.7万公顷，约占宁波市海涂总量（约9.6万公顷）的17.8%，集中分布在铁江、西沪港、黄墩港内。滩涂宽度一般在200~1 000 m之间，坡度在2%~8%。港域内滩涂饵料丰富，气候条件适宜，非常适合水产养殖。

（3）渔业资源。

象山港自然环境优良，水产资源丰富。据初步统计，区域有海洋浮游生物210余种，其中鱼类124种，虾类30种，蟹类40余种。象山港及其附近海域渔业资源品种多，蕴藏量丰富，渔期长。主要经济鱼类有大小黄鱼、带鱼、鲳鱼、鳓鱼、马鲛鱼、鳗鱼等。区域内的潮间带海洋生物资源也很丰富，潮间带平均生物总量达107 g/m^2。优势经济品种有菲律宾蛤仔、泥螺、彩虹明樱蛤（海瓜子）、四角蛤蜊等，均可作人工养殖或自然增殖品种。此外，海洋藻类资源也比较丰富，如主要产于象山港狮子口内的紫菜和浒苔（苔条）等。

象山港的海水养殖历史悠久，目前已有400多年的历史。近年来，在市委、市政府一系列政策的引导和扶持下，象山港区域的浅海和滩涂养殖发展迅速，养殖面积和产量已具有相当规模。1998年象山港网箱数量为1.8万余只，年产名优水产鱼类3 200 t，初步形成以西沪港为主的海水网箱养殖基地。区域滩涂围栏养殖面积已超过0.4万公顷，其中低坝高网约376公顷，蓄水养贝约541公顷，滩涂贝类40.312公顷，筏式、延绳式养牡蛎约53公顷，藻类养殖约529公顷，坛紫菜养殖约93公顷。围塘养殖也从过去单纯的养殖对虾逐步转向综合立体养殖，养殖面积约1 667公顷，养殖品种已扩大到对虾、梭子蟹、鱼类和贝类等多品种单、混、轮养。到2001年，象山港海水养殖面积约14.5公顷。其中浅海网箱养殖数量超过6.4万余箱，网箱养殖总产量9 100余吨，主要集中在象山港的西沪港、双山港、鸿峙港等非敞开式水域，以单养、投饵集约化养殖为主，养殖品种包括石斑鱼、鲈鱼、大黄鱼、美国红鱼、鲷科鱼类。滩涂养殖面积约2 400公顷，以混养为主，包括在奉化鲒齐、栖凤、象山墙头、宁海西店的低坝高网网箱养殖和蓄水养殖，宁海西店、奉化松岙、象山墙头等低坝高网青蟹、虾蛄等特色产品养殖和平涂贝类养殖。围塘养殖面积约2 867公顷，主要以标准化池塘养殖为主。

（4）潮汐能资源。

象山港港湾具有潮差大、湾口小、有效库容大、水清、港深等优越的自然条件，蕴藏着丰富的潮汐能资源。其中，黄墩港和狮子口两处均是象山港的港中之港，口门窄，库面较大，且港内滩地遍布，滩面坡度平缓，加之潮差较大，故港内蓄潮量相当可观。且两港内潮流运动具有平均落潮流流速大于平均涨潮流流速的特点，如黄墩口表层平均涨潮流流速为 0.33 m/s，平均落潮流流速为 0.56 m/s。但随潮流进入的泥沙不易在港内淤积，从而使港内水深得以维持。许多地方具有建立潮汐能发电站的理想位置。据调查资料显示，黄墩港可建装机容量达 5.9 万 kW，年发电量 1.17 亿 kW·h 的中型潮汐能电站。此外在港区内的西泽、红胜塘等地也可建立潮汐能电站。

（5）矿产资源。

象山港矿产资源总体上属于资源储藏量较少的地区，以陆地埋藏为多，主要以非金属矿产为主。主要种类包括铅锌矿、萤石矿、珍珠岩、叶腊石、沸石、黏土矿、花岗石等。已探明的主要矿藏有宁海县储家中型铅锌矿、象山县沈山呑小型铅锌矿和鄞州凤凰山中型明矾石黄铁矿床。

（6）旅游资源。

象山港内湾段水域水色清澈、风平浪静、气候温和、四季分明、山清水秀、空气清新、环境优美。湾内岛屿众多，星罗棋布，山地低小，离大陆岸线近。绵延曲折的海岸线及先民的河姆渡文化孕育了具有“滩、岛、海、景、特”五大特色的滨海旅游资源。浓郁的海洋自然景观和独特的历史人文景观有机地融为一体，为发展滨海旅游业提供了良好的条件。强蛟岛群风景区是不可多得的旅游胜地，横山岛、南溪温泉和小普陀山可开辟为旅游景点，其他海岛由于受交通、淡水等条件的限制，目前旅游资源开发时机尚不够成熟。

3. 水体环境

象山港海域海水化学主要污染物是无机氮，其次是活性磷酸盐。无机氮在四个季节调查航次的所有样品中劣四类站位占 88%，其中，春季、秋季和冬季所有样品均为劣四类。活性磷酸盐四个季节所有样品达到二类至三类海水水质标准、四类及劣四类标准分别占 9%、40% 和 51%。其中，秋季和冬季污染较为严重。就季节变化而言，夏季水质相对最好，其他三个季节污染均较为严重。在沉积环境方面，硫化物、有机碳和石油类均达到一类海洋沉积物质量标准，表层沉积物样品中铜和总铬含量有部分站位超过一类海洋沉积物质量标准。

近 30 年来，象山港海域的化学需氧量含量平均值在 1998 年达到最低值，之后又逐渐上升，2001 年出现较高值，2005 年平均含量在 0.6 mg/L 左右，到2010年略有上升。但总体而言，近30年来化学需氧量的平均含量变化波动不大，基本维持在1 mg/L左右；相较于20世纪80年代的平均水平，近几年的化学需氧量含量有所降低。

对象山港近20年来各个季节无机氮和活性磷酸盐的含量进行统计和趋势变化分析可知，无机氮和活性磷酸盐含量呈逐步上升趋势。无机氮由20世纪80年代的0.3 mg/L（二类海水水质标准值）上升到2000年的0.6 mg/L，至2006—2007年则上升为0.75 mg/L，超过了四类海水水质标准值0.50 mg/L。磷酸盐的平均含量也从20世纪80年代的0.024 mg/L上升到2000年的0.043 mg/L，2006—2007年象山港的活性磷酸盐上升为0.054 mg/L。尽管在过去的20多年里，象山港海水中氮和磷含量呈上升的趋势，但是这种上升趋势增加的幅度在逐渐减小。

7.2.3　宁波三门湾区域资源环境本底

1. 海域环境概况

三门湾基本形态属基岩山地包围的宽浅型海湾，周围多为低山丘陵，岸线曲折，港汊众多。湾内多舌状滩地和潮流通道相向排列。舌状滩地多平坦宽广，适宜进行水产养殖和围涂垦种，资源开发潜力较大。港汊为内陆通海航道，沿岸可建港办厂、发展交通运输等。

三门湾气候温和湿润，雨量充沛。年平均气温16.6℃，1月份最冷，月平均气温5.3℃，极端最低温-9.3℃；7月最热，月平均气温27.9℃，极端高温38.7℃。多年平均降水量1 372.4～1 650.0 mm，温润多雨环境有利于农作物和经济果木生长。

从水动力状况来看，三门湾为强潮海湾，潮差大，平均潮差4.25 m，有丰富的潮能资源。而在湾顶和港汊，平均大潮流速50 cm/s左右，小潮时只为15～25 cm/s，余流5～20 cm/s，水体交换较快，有利于潮滩淤积和水产养殖。

三门湾水域广阔，溪流淡水带来丰富的营养盐，生物饵料特别丰富，潮滩生物量高，水产资源十分丰富。三门湾内的浅海港汊、滩涂以及内陆水域，宜大力发展水产养殖业。

三门湾远离工商业发达城市，虽有一定的公路、港口对外联系，但交通联络仍然不够，环境显得比较闭塞，加上当地群众文化基础差，资源开发受到一些限制。

2. 海洋资源

（1）港口资源。

三门湾有着丰富的港口资源：田湾岛、健跳、高塘岛等均为泊位在 2 万~10 万吨级的港区，可规划码头泊位达 40 个，规划年吞吐量超过 1.1 亿吨。区域内的田湾山岛与宁海下洋涂直线距离仅 4 千米，可开发 3.5 万~5 万吨级散杂货泊位 8 个，规划年吞吐量 1×10^7 吨。若将宁海土地资源与三门湾港口资源有效衔接，发展空间将更为广阔。

三门湾为宽浅型多汊港湾，岸线曲折，潮流汊道众多，水道稳定，海域和滩涂辽阔。与一般半封闭型港湾相比，三门湾内外水体交换速度与自净能力超群，水体交换周期仅为一天，区域环境承载力较强。

（2）滩涂资源。

宽广的三门湾海涂，是浙江省滩涂资源集中区之一。沿湾滩涂及海涂平原面积约 350 平方千米，预计近期可利用净空间可达 150 平方千米以上，可为宁海三门湾新区建设以及三门湾经济圈的打造提供充足的后备土地资源。

（3）渔业资源。

三门湾水产资源十分丰富。蛇蟠、满山水道和猫头洋，盛产大黄鱼、墨鱼、鲳鱼、带鱼、鳓鱼、海蜇等。湾内浅海滩涂辽阔，水沃涂肥，又是养殖蛏子、对虾、青蟹、牡蛎的好地方。潮间带生物的平面分布与底质、盐度及海岸开阔程度有关。三门湾内健跳港的顶部断面生物量和栖息密度都很高，年平均生物量达 388.78 g/m^2。底栖生物密度的分布趋势与生物量的分布一致，其季节变化也与生物量的变化相似。12 月底栖生物密度最高，为 247 个/m^2。游泳动物的种类主要有三大类，鱼类、甲壳动物和软体动物。全年进入猫头海区网内的渔获物有 112 种，其中鱼类 73 种，占 65.2%；甲壳动物 35 种，占 31.3%；软体动物 4 种，占 3.5%。

（4）旅游资源。

三门湾位于我国东海西部，中国黄金海岸线中段，浙江省中部沿海，台州和宁波两市海域范围内，三门县东部。所在地的三门县西距杭州市 237 千米，离绍兴市 170 千米，离金华市 260 千米；北距宁波市 115 千米，距上海市 300 千米；南距台州市椒江 50 千米，距温州市 170 千米；周围方圆 250 千米内有杭州西湖、宁波雪窦山、舟山普陀山、诸暨五泄、金华双龙洞、永康方岩、天台山、仙居、缙云仙都、雁荡山、楠溪江等 11 处历史悠久的国家级风景名胜区，为三门湾旅游开发提供了广阔的客源市场。同时，境内现有甬台温高速、上三高速、台州沿海通道开通运营，还有规划中的沿海高速及两条甬台温高速和沿海高速的连接线、甬台温铁路，以及健跳港、旗门港、海游港、浦坝港和洞港，蛇蟠水道、满山水道和猫头水道等重要陆路、水路通道和港口码头，地理区位和交通优势十分明显。

（5）岛屿资源。

据统计，三门湾内有大小岛屿130多个，著名的有南田岛、高塘岛、大佛岛、蛇蟠岛等。岛屿以经营农、林、牧、渔、盐等综合开发利用为主。岛屿的资源开发利用具有综合性和多层次性。

3. 水体环境

三门湾海域水体污染特征与象山港相似，主要污染物为无机氮，其次为活性磷酸盐，其中又以无机氮污染最为严重，营养盐超标是制约三门湾水质的主要因素。无机氮四个季节所有样品达到三类、四类和劣四类海水水质标准的样品分别占14%、8%和78%。其中，春季、秋季和冬季所有样品均属于劣四类海水水质，污染非常严重。全年当中，以夏季水质最好，其他季节污染均较为严重。表层沉积物中的铜和铬在调查期间有部分站位超过了一类沉积物质量的标准。

近20年来，三门湾海水中化学需氧量的平均含量稍有下降；无机氮含量呈现逐渐上升的趋势，但这种上升的幅度在减小；磷酸盐的平均含量先降后升，呈波动变化。总体而言，近20年三门湾海水均为三类、四类。

7.3　宁波杭州湾、象山港、三门湾的社会经济趋势分析

发展湾区经济一则有赖于当地社会文化背景，知识的储备和创新是引领产业综合发展的基础；二则是资金的筹措保证，包括企业的参与度。而湾区具有良好的自然、生态和文化社会环境，是其吸引、留住高端人才的必备条件。

7.3.1　宁波市杭州湾区域社会经济趋势

1. 人口持续增长

根据2010—2015年的《慈溪统计年鉴》《余姚年鉴》以及余姚市统计局提供的相关数据，2010—2015年间，宁波市杭州湾区域行政范围内户籍人口从48.56万增加至52.56万，人口持续增长。2014年以前，农业人口占总人

口的80%以上，2015年人口统计口径转变为城镇人口和乡村人口，城镇人口约35.3万人次，城市化率约为67.07%。美国地理学家诺瑟姆在1975年提出城市化进程S型规律，认为城市化初期，城市人口增长缓慢；当城市人口比例超过30%，城市化进程进入加速阶段；当超过70%，才趋缓慢甚至停滞。按照这一规律，宁波市杭州湾区域的城市化仍有一定的发展空间，且正处于加速阶段。除了户籍人口的增加，区内流动人口增长快速，常住人口数量逐年攀升，为区域产业发展提供了充足的劳动力。

2. 经济总量持续增长，波动性明显

图7-2显示，2010—2015年间，宁波市杭州湾区域的地区生产总值呈上升趋势，由2010年的382.74亿元增长至2015年的793.84亿元。6年间，宁波市杭州湾区域各年份的GDP增速波动性明显，但增长速率十分惊人，各年份增长率均高于8%，年均增长率高达14.06%，远高于国家平均水平，2015年地区生产总值约为2010年的2.07倍。

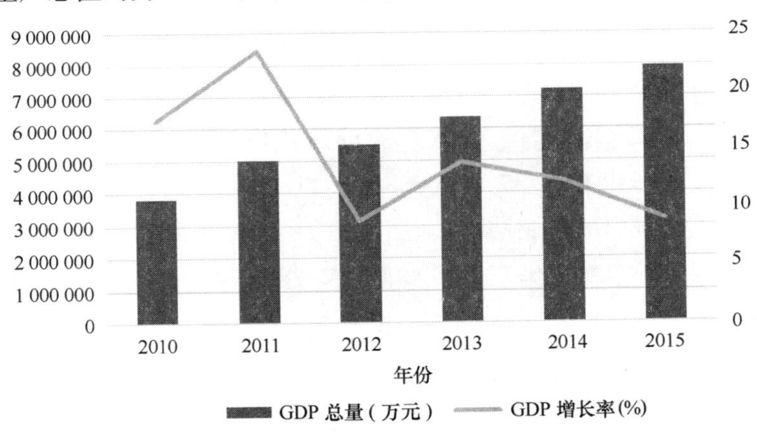

图7-2 2010—2015年宁波市杭州湾区域GDP总量及其增长率

图7-3显示，宁波市杭州湾区域在2010—2015年间的人均地区生产总值呈增长趋势，且均高于国内平均水平。由于数据可获得性的限制，此处的人均GDP确切来讲是地区户籍人口意义上的人均GDP，由于户籍人口数量远小于区域内常住人口，因此户籍人口人均GDP要远高于常住人口人均GDP。但总体而言，宁波市杭州湾区域的GDP与人均GDP均位于宁波市三个湾区之首。

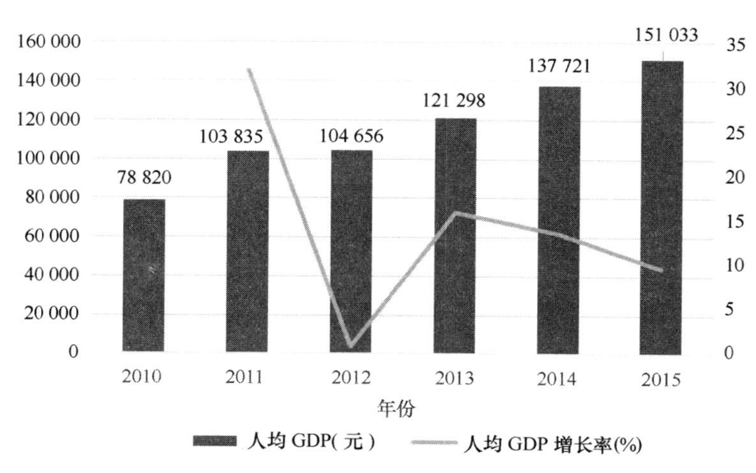

图 7-3 2010—2015 年宁波市杭州湾区域人均 GDP 及其增长率

3. 产业结构不断优化

2015 年，宁波市杭州湾区域第一产业增加值约 34.65 亿元，较上一年增长 0.80%；第二产业增加值 559.60 亿元，增长 5.27%；第三产业增加值 199.59 亿元，增长 26.55%。三次产业的比例由 2010 年的 7.27 ∶ 71.56 ∶ 21.17 调整为 2015 年的 4.37 ∶ 70.49 ∶ 25.14（图 7-4）。2010—2015 年间，宁波市杭州湾区域内的产业结构呈现“二三一”的发展态势，三次产业的相对劳动生产率差异显著，第二、三产业对经济增长的贡献度和拉动效应非常明显。其中第二产业对 GDP 贡献率远超第一产业和第二产业，是区域内的主导产业，第三产业虽然在三次产业中占比小于第二产业，但呈现出明显的增长趋势。6 年间，宁波市杭州湾区域内第一产业在三次产业中所占的比重不断降低，第二产业保持高速增长，第三产业突破以商贸、餐饮为主的单一发展格局，加速了金融、保险、研发、咨询等行业的发展。与此同时，第一产业就业比重明显下降，第二产业就业比重增长缓慢，第三产业的就业比重增长速度则高于第二产业的增长速度。总体来看，宁波市杭州湾区域内的产业结构在保持“二三一”型基础上不断优化，朝着合理化、高级化的方向发展。

尤其是宁波杭州湾新区，自 2010 年成立宁波杭州湾新区管委会以来，经济运行态势良好，呈现出工业经济稳步增长、新兴产业加速集聚及科技创新活力不断增强的特点。2015 年，杭州湾新区实现生产总值 250 亿元，同比增长 16.0%；完成工业总产值 1 153.1 亿元，同比增长 16.1%，其中规模企业实现工业产值918.2亿元，同比增长15.7%；企业利税总额103.6亿元，同比增长60.9%；完成固定资产投资363亿元，同比增长20.2%；实现公共财政预算收入34.6亿元，同比增长11%；合同利用外资7亿美元，同比增长35%；实际利用外资3.9亿美元，同比增长28.4%。

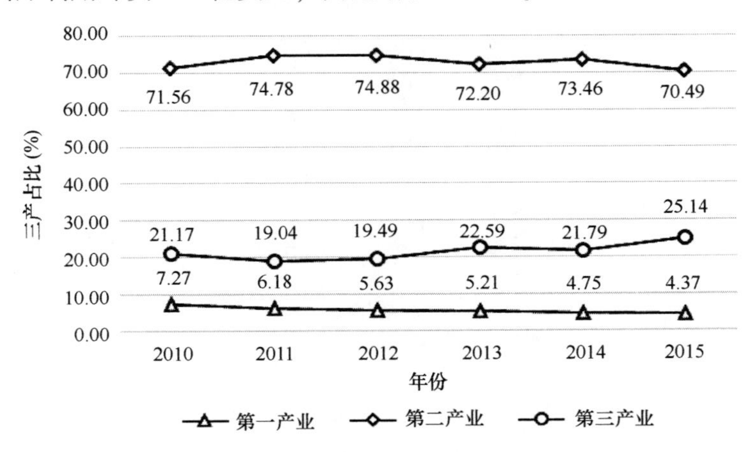

图7-4　2010—2015年宁波市杭州湾区域三产变化趋势

7.3.2　象山港区域社会经济趋势

1. 人口小幅增长

根据北仑区、鄞州区、奉化区、宁海县和象山县2010—2015年的统计年鉴、公报以及各区、县统计局提供的相关数据，2010—2015年间，宁波市象山港区域范围内户籍人口从61.87万增加至62.78万，增长幅度较小。2014年以前，各年份农业人口约占总人口90%，2015年人口统计口径转变为城镇人口和乡村人口后，城镇人口约19.97万人次，城市化率约为31.8%。根据美国地理学家诺瑟姆提出的城市化进程S型规律，象山区域的城市化进程刚刚迈入加速阶段，仍有十分充足的提升空间。今后可继续推进象山港区域的城市化进程，鼓励农业人口转移城市就业，并充分接纳外来流动人口，以保障象山港社会经济发展所必需的劳动力数量。

2. 经济总量呈扩张趋势

图7-5显示，2010—2015年间，象山港区域的地区生产总值呈扩张趋势，由2010年的270.04亿元增长至2015年的431.37亿元，2015年地区生产总值约为2010年的1.60倍。6年间，象山港GDP增速变化有明显的分割线，

2013 年以前，象山港区域 GDP 保持高速增长，年均增长率高于 10%，2013 年以后，GDP 增速明显下降，跌至 2015 年的 4.5%，低于同年国家平均水平。

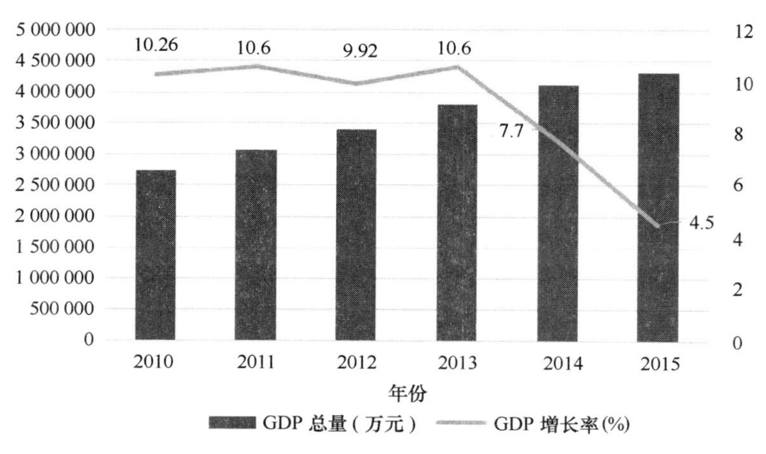

图 7-5 2010—2015 年象山港区域 GDP 总量及其增长率

图 7-6 显示，象山港区域在 2010—2015 年间的户籍人均地区生产总值呈波动增长趋势，户籍人均 GDP 增速先增后减再增，2012 年和 2013 年分别是户籍人均 GDP 增速的高峰和低谷。总体来看，象山港区域人均 GDP 较高，在宁波三个湾区中居中等地位。

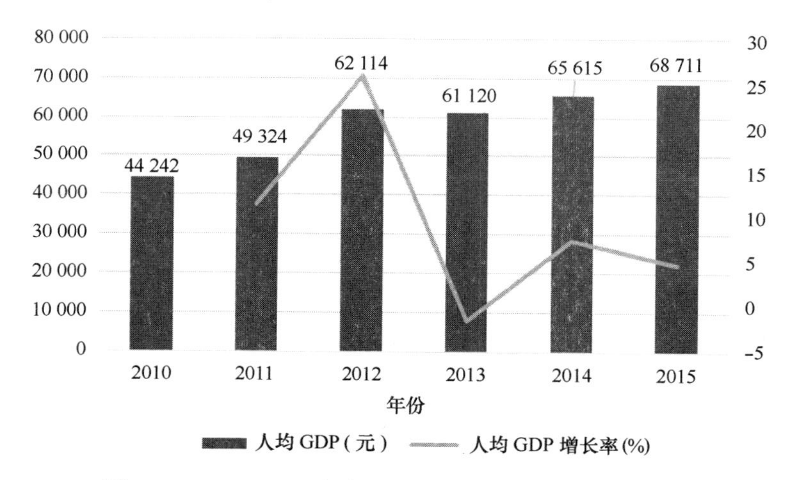

图 7-6 2010—2015 年象山港区域人均 GDP 及其增长率

3. 产业结构不断优化

2015 年，象山港区域第一产业增加值约 55.45 亿元，较上一年增长 5.6%；第二产业增加值 245.33 亿元，增长 2.78%；第三产业增加值 130.59 亿元，增长 8.17%。三次产业的比例由 2010 年的 14.29：60.22：25.49 调整为 2015 年的 12.86：56.87：30.27（图 7-7）。与宁波市杭州湾区域相同，象山港区域的产业结构在 2010—2015 年间也呈现出“二三一”的发展态势，第二产业优势明显，是三次产业中的主导产业。但与之不同的是，象山港区域第二产业的比重总体低于宁波市杭州湾区域近 10 个百分点，且象山港第一产业占三次产业的比重要高于宁波市杭州湾区域。6 年间，象山港区域第一产业和第二产业在三次产业中的比重均呈现出缓慢下降的趋势，而第三产业则小幅增长。

象山港区域工业已具有一定规模，以乡镇工业为主体的工业发展较快。从空间布局上看，主要分布在象山港各县（市、区）的中心城区、象山贤庠及宁海梅林、西店等地；从产业结构上来看，以机电、针纺织、化建和食品工业为主，劳动力密集型产业居多。同时，象山港作为宁波市乃至全国重要的海水养殖基地，渔业发达，已成为象山港区域的支柱产业。港口及临港工业与港湾旅游业也具一定规模。总体来看，象山港区域内的产业结构在保持“二三一”型基础上不断优化。

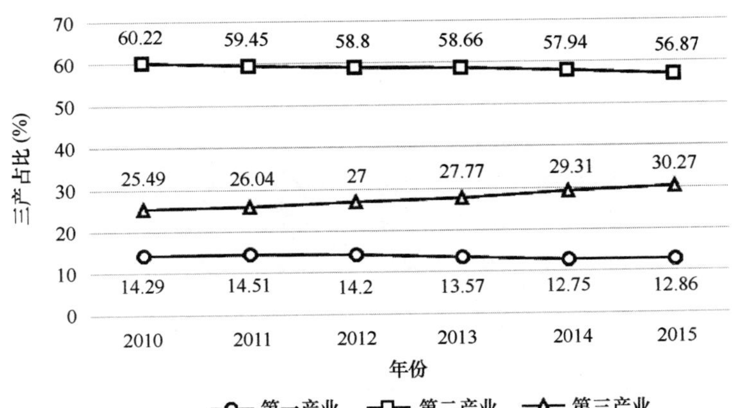

图 7-7 2010—2015 年象山港区域三产变化趋势

7.3.3 宁波三门湾区域社会经济趋势

1. 人口持续增长

根据2010—2015年的《宁海统计年鉴》以及宁海县统计局提供的相关数据，2010—2015年间，宁波三门湾区域行政范围内户籍人口从14.9万增加至18万以上。2014年以前，农业人口占总人口的90%以上，2015年人口统计口径转变为城镇人口和乡村人口，城镇人口约3.4万人次，城市化率低于20%。可见，宁波三门湾区域从事农业劳动的人口数量远超其他从业人员，城市化进程尚处于起步阶段。但随着时间的推移，区内户籍人口不断增加，流动人口也有一定比例的增长，总人口持续增长，可为区域产业发展提供一定的劳动力。

2. 经济总量增长，但动力不足

2010—2015年间，宁波三门湾区域的地区生产总值总体处于增长趋势，至2015年突破50亿元。但区内的GDP增长率却呈现下降趋势，从2010年的12.8%下跌至2015年的3.2%，2014年和2015年的GDP增长率均低于国家平均水平（图7-8）。可见，6年来，拉动区内经济发展的动力越来越小，若不及时采取措施，可能造成GDP增长率的进一步下降，甚至出现负增长现象，区域经济发展需及时寻找新的发展动力。

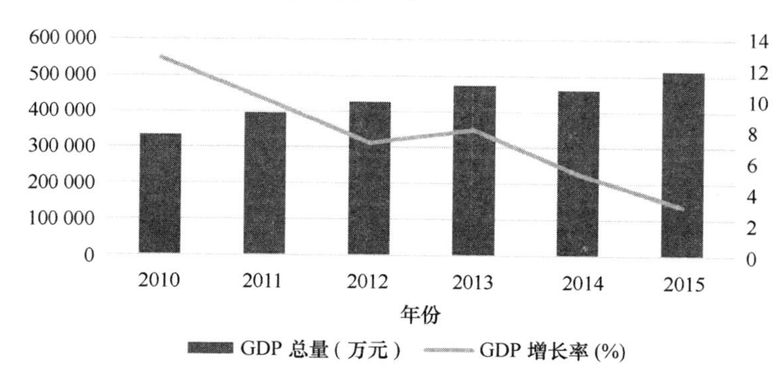

图7-8　2010—2015年宁波三门湾区域GDP总量及其增长率

从2010年开始，宁波三门湾区域户籍及人均GDP均高于20 000元，6年来处于波动增长的状态（图7-9）。2014年是6年间区内户籍人均GDP增长率的低谷，主要原因在于本年度区内人口数量增加，但地区生产总值却明显地下降。

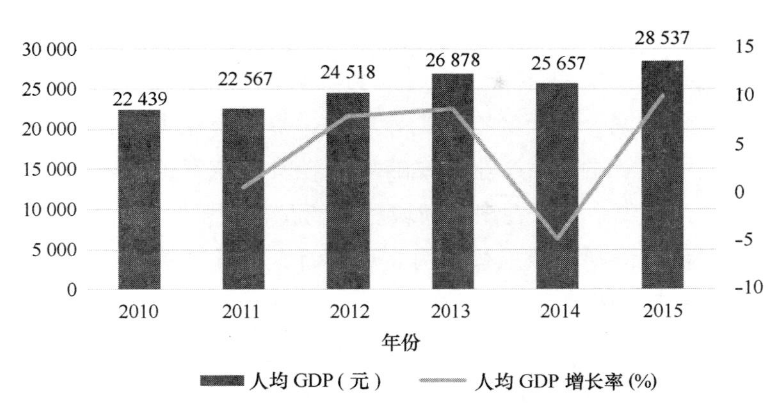

图 7-9　2010—2015 年宁波三门湾区域人均 GDP 及其增长率

3. 产业结构层次低，亟待优化

图 7-10 显示，2015 年，宁波三门湾区域第一产业增加值约 21.4 亿元，较上一年增长 9.23%，对 GDP 增长的贡献率为 41.47%；第二产业增加值 19.45 亿元，增长 15.69%，对 GDP 增长的贡献率为 37.76%；第三产业增加值 10.70 亿元，增长 8.57%，对 GDP 增长的贡献率为 20.77%。三次产业的比例由 2010 年的 45.92∶36.43∶17.65 调整为 2015 年的 41.47∶37.76∶20.77。

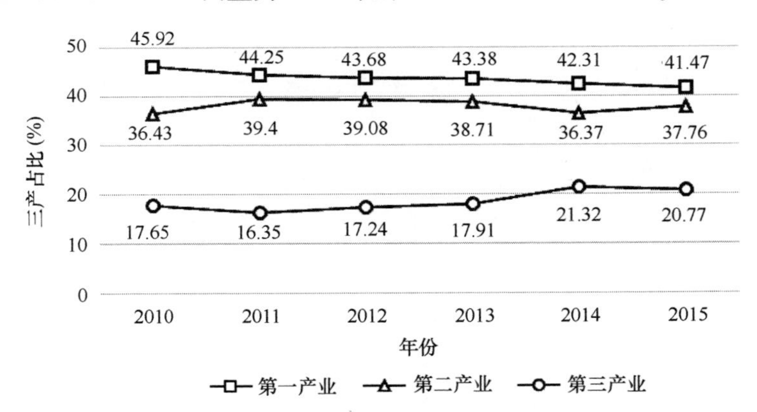

图 7-10　2010—2015 年宁波南部（宁海）滨海新区三产变化趋势

2010—2015 年，区内第一产业占比呈逐年下降趋势，由 45.92%下降到 41.47%；第二产业先升后降，但总体上升，由 36.43%上升到 37.76%；第三产业波动上升，由 36.5%增长至 44.5%。可见，宁波三门湾区域目前还是以第一产业为主，第二产业为辅，第三产业仍处于孕育期。纵观 6 年来宁波三门湾区域产业结构变化，可以看出其正处于不断优化的过程：第一产业占比呈下降趋势、第二产业总体处于上升态势，目前已形成模具、文具、灯具、汽车配件、五金机械、电子电器等主导产业，第三产业也在波动上升。但需要注意的是，区内上述主导产业形成的块状经济在全省范围内的竞争力仍略显不足。这些产业集中分布在宁东新城和长街，其中，宁东新城以电子电器、模具等为主，长街镇则以数控机械为主。同时，在各乡镇经济发展不平衡区域，经济二元化趋势很明显。总体而言，该区域产业结构层次偏低，整体仍处于起步发展阶段，经济基础较为薄弱，通过工业化、信息化促动新型城市化的发展道路，尚有很长一段路要走。

7.3.4 宁波三湾资源环境问题分析

资源和环境是人类赖以生存的基础条件，也为社会经济的发展提供着物质保证。但当面临地区工业化和城市化发展的现实挑战时，人们往往为了眼前利益，走发达国家先污染后治理的老路，造成经济发展与资源环境之间极不协调。尤其是在集聚了大量人口的海岸带地区，更容易出现生存空间不足、环境污染加重及其他生态环境和社会经济问题。为了拓展生存和发展的空间，沿海国家及地区越来越多地把围填海作为解决土地不足的重要手段，利用海洋空间资源来缓解人口与土地资源的矛盾。

宁波市湾区沿岸滩涂淤涨较快，海涂资源十分丰富，已成为全市主要的后备土地资源。近几十年来，围填海造地大量增加了土地面积，对宁波市土地占补平衡的实现贡献突出，也为宁波市社会经济的快速发展提供了土地资源保障。除在满足地区经济发展需求方面的贡献外，围填海工程在其他方面也发挥了重要作用。如围垦是治江治水的重要措施，为防台御潮、防灾减灾保平安发挥了重要作用。其次，通过围垦建立滩涂水库，缓解缺水地区的用水矛盾，同时建立沿海围垦区，成为棉粮油、畜禽、水产品、蔬菜等农副产品生产基地以及无公害、绿色食品的密集耕作区。此外，通过围垦造地也培养了区域新的经济增长点，促进了地区经济的发展、提升了乡镇的经济实力、拓宽了就业渠道、增加了就业岗位，同时还缓解了沿海地区人多地少、劳动力过剩的矛盾。

然而，尽管围填海造地的社会经济效益明显，但对生态环境造成的影响也不容忽视。围填海工程造成的大片岸段海域消失、滨海湿地干涸、渔业资源退化、环境污染加剧等问题，将直接影响到人们未来的生存和社会经济的持续发展。因此，对于经济快速发展中的海岸带地区，经济与资源环境之间的协调发展，已经成为了把握区域统筹发展、推进区域生态文明建设的重要基础。

1. 水体污染严重

对于沿海城市而言，渔业是有着悠久历史的传统产业，也是一种重要的谋生手段。20 世纪 90 年代以来，越来越多的渔民围垦沿岸滩涂用于储蓄淡水或养殖，淡水鱼、对虾、蟹类等水产养殖业得到了快速发展。诸如宁波杭州湾区域内的庵东滩涂、象山港以及三门湾沿岸滩涂，都有大面积的滩涂被围垦用于水产养殖。然而，由于大部分区域的养殖方式仍以平涂粗放为主，养殖技术不规范，导致养殖产品质量不稳定、养殖效益低下，对海涂以及近海生态环境破坏较大。以象山港为例，对湾区经济发展造成水体的污染情况进行说明。

通过对象山港底部海域的现状调查、监测、评价及与以往的历史资料对比分析，发现象山港海域环境质量问题主要为水体富营养化。近岸海域水体富营养化目前已成为我国海洋环境污染比较突出的问题。象山港海域各季节不论表、底层，各监测站位的海水中无机氮和 PO_4-P 状态指数均超标，均处于富营养化状态，且近几年呈上升趋势，整个象山港海域水体富营养化程度均存在港顶最高、越往港湾的出处污染越轻的趋势，这主要与陆源污染物入海及象山港水体交换能力有关。由于象山港当前城镇化进程的开展，港区内接纳了大量外来人口，人口密度增大，加上农村城镇化过程中自来水的普及，象山港海域的生活污染物总量出现了大幅增加的现象。但象山港沿岸已投入使用的市政污水处理厂仅 5 家，而沿岸溪流、水闸、排污口直接入海却有 60 余处，造成大量生活污染物未经处理便直接向海洋排放，对海洋生态系统带来较大压力。其次是电厂热污染，位于象山港底部和中部的电厂在带动社会经济发展的同时，也给海洋生态环境造成巨大的压力。此外，渔业网箱养殖所排放的氮、磷污染物占总排放量的 90%以上（表 7-3）。人类生产、生活排放在象山港海域内的污染物越来越多，而象山港海域容量却是有限的，加之内港水动力扩散条件差，难于向海外扩散，象山港比其他海湾更容易产生水体污染问题。

表 7-3　象山港海域主要污染物来源　（%）

	COD	TN	TP
水产养殖	73.6	51.4	44.0
污水处理厂	1.2	0.7	0.8
入海溪流	25.2	47.9	55.1
合计	100	100	100

沿湾工农业和水产养殖业为其所在湾区带来了可观的社会经济效益，因而得到了迅猛发展。然而由于缺乏科学管理，工农业污水以及养殖业产生的污染物大量进入港湾，加剧了沿湾水体的富营养化。一旦水文气象条件适宜，随时可能爆发赤潮灾害，造成严重的经济损失。水体富营养化是入海污染物超过海域纳污容量的表现，也是社会经济发展与资源环境不协调的表征。

2. 滨海湿地退化

滨海湿地是指从沿海岸线分布的低潮时水深不超过 6 m 的滨海浅水区域到陆域受海水影响的过饱和低地的连续区域，包括天然湿地和人工湿地两种。天然湿地包括浅海水域、潮下水生层、珊瑚礁、岩石性海岸、沙砾质海岸、粉砂淤泥质海岸、滨岸沼泽、红树林沼泽、海岸潟湖、河口水域、三角洲湿地，人工湿地则指养殖池塘、盐田、水田及水库等。从宁波市滨海湿地类型、演变及其生态效应来看，人工湿地大多由天然湿地通过围填海工程转变而来。由于围填海工程发生于滨海湿地，直接或间接作用于滨海湿地生态系统，对其影响极大。近年来，由于大规模围填海工程的实施，宁波市湾区滨海湿地退化明显，表现为面积减小、自然景观丧失、质量下降、生态功能降低、生物多样性减少等一系列现象和过程。

围填海导致天然湿地大面积减少，湿地生态环境受损严重，极大地改变了海洋生物赖以生存的自然环境，从而致使围填海工程附近海区生物种类多样性普遍降低，优势种和群落结构也发生改变。如象山港区域由于多年来实施的大量围填海工程导致滩涂退化，破坏了底栖生物和潮间带生物的生存环境，水产动物和水鸟等的产卵场、育苗场、索饵场和越冬场逐渐丧失。围填海工程对外来生物影响也较大，西沪港位于象山港中部南侧，面积 50.67 平方千米，其中高滩区都已为大米草所占领，总面积约 10 平方千米，破坏了原有海域生态环境，导致沿海水产资源锐减，海洋生物多样性剧降。

此外，围填海工程直接影响到鱼、虾的栖息环境，破坏鱼类的洄游规律。

加上长期以来渔业发展指导思想失误，造成捕捞业、养殖业和加工业三者的发展不协调。尤其是实施捕捞作业时忽视资源的再生产能力，盲目增强捕捞强度，采取不合理的作业方式，使渔业资源遭受严重破坏。如宁波市杭州湾区域，大黄鱼、小黄鱼、带鱼、乌贼四大经济鱼类的产量急剧下降。

3. 影响水动力环境

围填海工程改变了海岸线轮廓，导致水动力场变化。特别在半封闭海湾区，围填海造地减少了海湾的纳潮量，水体交换能力减弱，海水自净能力也随之减弱，污染物排放入海后不易被稀释扩散，致使海湾水质恶化。

以象山港为例，1950—2003 年围填海面积约 42 平方千米，2003—2010 年围填海面积约 35 平方千米，象山港水域面积减少，流场变化，进而导致整个海湾纳水体积和纳潮量减少。经计算，2003 年和 2010 年纳潮量相对于 1963 年分别减少了 8.6%和 12.6%（表 7-4）。

表 7-4　象山港纳潮量及其变化　（10^8 m^3）

	大潮平均	中潮平均	小潮平均	全潮平均
1963 年	20.507	16.763	11.459	16.317
2003 年	18.686	15.311	10.544	14.913
2010 年	17.906	14.634	10.041	14.256
2003 年相对于 1963 年变化率	-8.9%	-8.7%	-8.0%	-8.6%
2010 年相对于 1963 年变化率	-12.7%	-12.7%	-12.4%	-12.6%

象山港为狭长型半封闭海湾，水交换能力相对有限，且水交换能力纵向变化明显。1963 年，湾口交换水体达 90%以上，而湾顶铁港和黄墩港的水交换率不足 10%。象山港围填海对其总的水交换率影响明显：1963 年，交换 30 天、60 天和 90 天后象山港湾的平均水交换率分别为 59.3%、66.4%和 71.7%；2003 年，交换 30 天、60 天和 90 天后象山港湾的平均水交换率分别为 56.1%、63.5%和 68.9%，与 1963 年相比，相对减小率分别为 5.3%、4.5%和 3.9%；2010 年与 1963 年相比，相对减小率分别为 7.7%、6.8%和 6.1%。围填海对各分区的水交换率影响也十分明显，除黄墩港由于围填海面积过广、前后统计区域差异较大等原因，使其平均水交换率变大外，其他区域水交换率都在减小。相对于 1963 年的情况，2003 年交换 30 天后各分区平均水交换率的最大相对减小率为 29.3%，交换 60 天后最大相对减小率为

15.4%，而交换90天后最大相对减小率则为9.1%。而相对于1963年的情况，2010年交换30天后各分区平均水交换率的最大相对减小率为35.0%，交换60天后最大相对减小率为20.2%，而交换90天后最大相对减小率则为13.1%。

4. 影响沉积地貌环境

围填海工程区岸线轮廓改变，导致水动力环境发生改变，进而引起周边海域沉积地貌环境发生改变，以形成新的平衡。在开敞岸段，围填海影响局限在工程区附近，主要表现为潮滩淤涨外推。在半封闭海湾，围填海工程则可能导致水沙动力、沉积环境发生突变，水交换能力减弱，泥沙淤积加快，生态环境恶化。

以宁波市三门湾区域为例，该湾为典型的半封闭强潮海湾，岸线曲折，港汊纵横，众多港汊呈指状深嵌内陆，犹如伸开五指的手掌，港汊之间普遍发育舌状潮滩。湾口宽22千米，从湾口到湾顶纵深42千米，海域面积775平方千米，其中潮滩面积295平方千米，占海域总面积的38%。

自唐朝以来，三门湾沿海就有垦种和养殖活动，20世纪初，政府就着手开辟三门湾商埠（巡检司）和利用滩涂资源，大力发展农、渔、盐综合经济。1949年以来，沿海人口剧增，为解决土地、水资源缺乏问题，三门湾围填海活动日趋频繁。至2007年底，宁波市三门湾区域围填海面积达12.6×10^4亩，占宁波市三门湾海域面积的23.7%，潮滩总面积的62%。大面积的围填海工程主要出现在20世纪70年代，20世纪80年代后逐渐减少（表7-5）。

表7-5　宁波市三门湾区域围填海面积统计表（单位：亩）

	宁海县	占围填总面积的百分比
20世纪50年代	6 110	4.84%
20世纪60年代	26 603	21.08%
20世纪70年代	57 330	45.42%
20世纪80年代	18 075	14.32%
20世纪90年代	-	-
2000—2007年	18 100	14.34%
总计	126 218	100%

围涂堵港工程使宁波市三门湾海域面积减少，进出海湾的潮量也明显减

少，使潮流速度降低，削弱了落潮优势流，三门湾潮汐汊道系统也随之发生着沉积地貌的阶段性、区域性均衡调整。

虽然宁波市三个湾区目前来看围填海经济和社会效益显著，资源环境与社会经济发展基本协调，但这些效益很大程度上是建立在牺牲湾区生态效益的基础上换取的。生态系统具有整体性，往往牵一发而动全身，加上围填海对滨海生态系统的许多负面影响具有滞后性，无法在短期内显现，容易被忽视，因而围填海造成的积累性负面效应往往需要耗费巨大的人力、财力以及物力进行弥补。尽管在围填海后的一段时期内，人们通过对围填海获得的土地的不同利用获得了可观的效益，但围填海工程对生态系统的影响一旦累积到一定程度就会反过来影响甚至遏制海岸带地区经济的发展。时至今日，一些围填海造成的负面效应已然显现，比如逐渐恶化的水体环境，再比如逐渐萎缩的渔业资源和显著减少的物种多样性。因此，从长期效益来考虑，目前资源环境与社会经济发展的协调仅是表面现象，两者间存在着更深层次上的矛盾。

7.4　宁波杭州湾、象山港、三门湾经济发展的瓶颈诊断

7.4.1　宁波市杭州湾区域瓶颈诊断

1. 水资源匮乏

水资源是宁波杭州湾区域发展的制约因素。本区域虽地处亚热带季风气候区，雨量充沛，按降水量划分属湿润带，按径流量划分为多水带，但本区水资源人均占有量却并不丰富。尤其是慈溪境内水资源人均占有量仅430 m^3，分别为全省、全国水资源人均占有量的21.50%和20.04%，是宁波市缺水最严重的地区，也是浙江省缺水最严重的地区之一。余姚境内的水资源相较慈溪要丰富，但随着社会经济的发展也产生了用水短缺的问题。

2. 产业结构同质性高且布局分散

宁波杭州湾区域产业雷同系数高达85%左右，缺乏差别竞争，而且企业平均规模小、布局分散，技术档次和进入门槛低，行业与企业普遍缺乏合理的分工与协作，低水平竞争激烈，往往难以形成规模效益，产业的整体竞争力亟待提高。宁波杭州湾新区虽在布局上形成了制造业集聚区，但产业的抗风险能力却相对较弱，同时区内公共服务设施明显不足，公共交通体系欠发

达，教育、医疗卫生资源不足，城市形态不明显。

3. 重复建设严重

宁波杭州湾区域重复建设主要表现在基础设施发展和城镇布局上主要由公共财力投资的基础设施普遍缺乏各个层次的有机协调，水厂、电厂、污水处理厂等的建设均存在着协调不足、建设重复等问题，阻碍了产业之间的要素流动和资源优化配置。小城镇城市化的起点过低，乡镇布局相当分散，缺少统一规划的空间分布特征，造成社会资源的极大浪费。

4. 生态环境形式严峻

宁波杭州湾区域虽是宁波三个湾区中经济发展程度最高的湾区，却付出了高昂的生态环境代价，水系污染与大气污染、城市垃圾、城市生态失衡等环境问题令人担忧，均已成为该湾区发展的主要制约因素。

7.4.2 象山港区域瓶颈诊断

1. 缺少有影响力的空间管制

面临社会经济发展的现实需求，各级政府对沿海用地需求强烈，目前区域建设用地规模为90平方千米，但各县市制订的用地计划总和达到254平方千米，大大超过了区域土地承载能力。

2. 海岸带布局混乱、使用低效

由于缺乏规划的统筹引导，环港区域的产业发展和空间布局存在随意性和盲目性，造成海岸带使用低效粗放。象山港区域已利用岸线达80%以上。在已利用岸线中，除养殖岸线外，工业和城镇岸线比重在31%以上，超过了养殖岸线，同时，正在人工围涂中的岸线达14%以上，且未来大部分将继续作为工业和城镇岸线。

3. 生态环境恶化

近年来，象山港区域生态环境质量趋于恶化，成为酸雨重灾区和赤潮多发区。象山港渔区密布，存在严重的超容量养殖问题，破坏了海洋食物链、造成了严重的水体富营养化、引起物种多样性大量减少。同时，陆源污染物大多未经任何处理就通过沿港的97条污水管直接排入象山港水域，加上大型电厂生产所带来的温排水，象山港水域海水基本属于劣四类。

4. 基础设施有待完善

区域内基础设施建设不完善，且共享程度低，不能适应城镇体系向组群化、网络化发展的要求。自来水覆盖率低，水厂规模小，水质条件差异大。环境保护、废弃物收集处理等基础设施建设水平较低。如排水管网建设滞后，绝大多数城镇尤其是大量的农村污水未经处理就直接排入水体。另外，不同城镇间缺乏联系，基础设施难以大范围共享。

7.4.3 宁波三门湾区域瓶颈诊断

1. 城镇经济和基础设施薄弱

（1）经济基础相对薄弱。宁波三门湾区域总体上属于相对欠发达地区，经济总量占全市的比重不到5%。区域内农业人口比重高，城镇化、工业化程度较低，产业主要以模具、文教用品、船舶修造、汽车配件和农渔业等传统产业为主，新兴产业发展不足、高端特色产业不够突出，产业附加值不高、产业链较短。同时，科教人才支撑不足，大项目和大企业少，发展动力不够强劲。

（2）基础设施建设滞后。受发展水平、行政区划等因素影响，宁波三门湾区域基础设施建设整体滞后、共享程度低。区域对外高等级公路欠缺，建设等级低，对内连通性不足，呈现末端式交通格局。供排水设施不完善，水厂数量少、规模小，农村供水管网覆盖率低，污水管网建设滞后，大量农村生活污水，甚至工业废水未经处理直接排入水体，陆域面源污染问题开始显现。防涝排涝设施不足、标准较低，难以应对台风暴雨等极端灾害性天气。同时，电力、通讯等设施建设相对不足，难以支撑区域较大规模开发建设的需要。

2. 过度发展导致生态环境破坏

（1）传统养殖和农村排污影响海洋生态环境。宁波市海洋与渔业局发布《2014年宁波市海洋环境公报》监测结果表明，传统养殖和陆域特别是农村、乡镇污染排放，导致三门湾水域无机氮含量较2013年有所上升，水体仍呈现富营养状态。

（2）过度的围海扩张影响了宝贵的岸线和滨海资源利用。区域现状城镇建设用地面积为21.6平方千米，按照两县各乡镇原有规划设想并合，规划建设用地将超过170平方千米。占海围垦对湿地和生物多样性产生严重威胁。

3. 低效开发导致景观特色风貌破坏

在海岛、风景区、历史风貌区等敏感区域的低端产业引入可能对滨海的特色资源造成不可逆转的破坏。对于宁波三门湾区域中特色地域风貌和文化底蕴较为丰富的区域，应当划定为限制建设区或者禁止建设区进行有效管控，未来需要立足于文化旅游资源的保护，有效集约发展，避免低效碎片化的发展建设。

8 宁波湾区开发利用强度分析

8.1 湾区开发概述

科技进步和世界各国社会经济发展的需要，使全球一体化在21世纪迈入新阶段，资源全球分配发展更为深入。当今，陆地生态系统高度开发、资源相对匮乏，发展海洋经济，开发利用资源数量和类型丰度绝佳的海洋，成为全球资源分配与利用的不二选择。海湾不仅是海洋资源的聚集地，也是人类认识、保护与开发利用海洋的桥头堡，兼具资源、环境、区位等多重优势，成为全球人口和经济的密集区。国际上依托海湾及其周边的城市成功开发了若干著名湾区，如美国的旧金山湾区和纽约湾区，日本的东京湾区等，并逐步形成以湾区为核心的经济集群中心。这种由湾区衍生出的经济效应称为“湾区经济”，其经济结构开放、资源配置高效、集聚外溢功能强大、国际交往网络发达，是世界一流城市的显著特征。为接轨世界经济，我国高度重视湾区经济的发展，于20世纪末提出湾区建设，尤其是“十三五”以后出台了若干文件提出要“打造粤港澳大湾区”“建设世界级城市群”，至此湾区打造和湾区经济建设已上升为国家战略。浙江省也在“十三五”规划中强调了发展湾区经济对推动区域协调发展的战略意义，提出以点（港口）带面（湾区），推进杭州湾、象山港、三门湾、台州湾、乐清湾、瓯江口等重点湾区的保护和开发。

然而，由于海湾开发过程中对科学认知的欠缺以及对社会经济效益的单方面追求，往往出现人类活动对海湾的过度开发，造成海湾污染严重、生境退化、资源丰度锐减，进而制约湾区经济发展。海湾开发利用强度评估可反映海湾利用程度，是海湾开发潜力及其可持续开发研究的基础，对湾区经济的合理发展具有重要意义。国内外学者对海湾开发利用强度开展了深入研究，主要从海湾岸线和土地利用开发强度评价两方面开展，取得了许多有价值的成果。选取多指标构建模型是进行海湾开发强度评价的重要方法，如 PVS（压力-脆弱性-状态）模型、人类活动强度综合评价模型和人海关系空间量化模型等。对海湾利用强度进行长周期的监测，有利于分析海湾利用强度变化与生态环境影响之间的内在关联，指导合理开发利用海湾。但目前，海湾开发利用强度评价多为现状评价或者较短周期内的动态变化评价，对海湾长时期动态变化的监测数量还相对较少。宁波拥有浙江 6 大海湾中的杭州湾（部分）、象山港和三门湾（部分）（图 8-1），因此，研究宁波海湾开发利用强度对宁波湾区经济发展意义重大。以 1990—2015 年每隔 5 年共 6 期遥感影像为数据源，选用岸线人工化指数、岸线开发利用主体度、岸线开发利用强度以及海湾土地利用强度对宁波三湾的开发强度进行综合评价，并分析了引起三湾开发利用强度差异的原因，以期为宁波湾区经济建设提供科学参考。

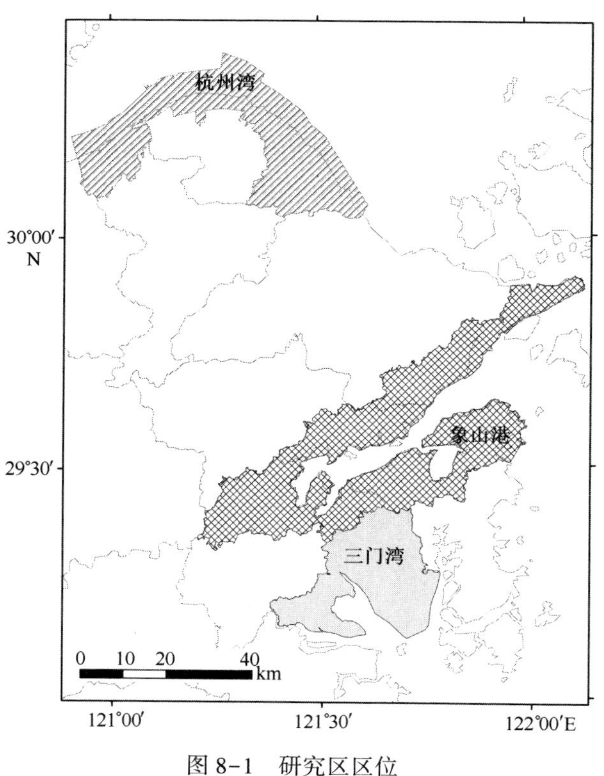

图 8-1 研究区区位

8.2 数据来源与研究方法

8.2.1 数据来源

本文数据源主要来源于美国地质勘探局（United States Geological Survey）提供的1990年、1995年、2000年、2005年、2010年、2015年6个时期的多景Landsat TM/ETM/OLI遥感影像。利用ENVI5.2软件对6期影像进行波段合成、几何纠正和图像增强等预处理工作后，以浙江省1：10地形图进行配准，并建立海湾岸线与土地利用分类信息库和解译标志，借助eCognition 8.7软件提取研究区岸线及土地利用信息，提取方法与技术要求参考《海岛海岸带卫星遥感调查技术规程》。再根据实地调查数据、潮汐数据等其他资料，利用ArcGIS10.2进行目视解译以局部校正提取结果，最终得到2005—2015年宁波三个海湾岸线和土地利用类型矢量数据。采用像元法进行精度验证，解译精度均高于90%，数据可用于项目研究。

8.2.2 研究方法

本文选用岸线人工化强度、岸线开发利用主体度、岸线开发利用强度及土地开发利用强度4个指标综合评价海湾开发强度。

1. 海湾岸线人工化强度

海湾岸线人工化强度表示的是自然岸线向人工岸线转化的程度，可用岸线人工化指数表现，即某海湾人工岸线占岸线总量的比重。比重越大，则海湾岸线人工化强度越大，公式为：

$$H = T/L \tag{8-1}$$

式中，H表示海湾岸线人工化指数，T表示某海湾人工岸线长度，L表示某海湾岸线总长度。

2. 海湾岸线开发利用主体度

海湾的资源环境具有差异性，其岸线构成和开发利用方向也会存在差异性，因此可利用岸线开发主体度来分析海湾岸线的主体构成和主体类型岸线的相对重要性程度，公式为：

$$R_i = L_i/L \tag{8-2}$$

式中，R_i表示某海湾第 i 种岸线占总岸线长度的比重，L_i表示海湾第 i 种岸线的长度，L 表示某海湾岸线总长度。当某一类岸线 R_i>0.45 时海湾岸线为单一主体结构；当每类岸线 R_i<0.45，但有≥两类岸线 R_i>0.2 时为二元、三元结构；当每类岸线 R_i<0.4，且只有一类岸线 R_i>0.2 时为多元结构；当每类岸线 R_i<0.2 则为无主体结构。

3. 海湾岸线开发利用强度

各海湾岸线类型对资源环境的影响程度不同，可用海湾岸线开发利用强度对其进行定量评估，计算方法为：

$$D = \frac{\sum_{i=1}^{n} l_i \times r_i}{L} \tag{8-3}$$

式中，D 表示某海湾岸线开发利用强度，l_i 表示某海湾第 i 种岸线的长度，r_i 表示第 i 种海岸的资源环境影响因子（$0<r_i\leq 1$）（表 8-1），L 表示某海湾岸线总长度。

表 8-1 各类型海湾岸线的资源环境影响因子

海湾岸线类型	自然岸线	建设岸线	防护岸线	港口码头岸线	养殖岸线
影响因子	0.1	1.0	0.2	0.8	0.6

4. 土地开发利用强度

土地利用程度变化与土地开发强度之间的相关性最高，可以反映一定区域土地利用所处的发展阶段，适用于土地开发利用强度评估。土地利用程度变化包括变化量和变化率两方面，前者计算方法如公式（8-4），后者如公式（8-5）：

$$\Delta L_{b-a} = L_b - L_a = \left\{\left(\sum_{i=1}^{n} A_i \times C_{ib}\right) - \left(\sum_{i=1}^{n} A_i \times C_{ia}\right)\right\} \times 100 \tag{8-4}$$

$$R = \frac{\left(\sum_{i=1}^{n} A_i \times C_{ib}\right) - \left(\sum_{i=1}^{n} A_i \times C_{ia}\right)}{\left(\sum_{i=1}^{n} A_i \times C_{ia}\right)} \tag{8-5}$$

式中：L_a、$L_b L_b$、L_a 分别为时刻 a 和 ba 研究区的土地利用程度综合指数；R 表示研究区土地利用程度变化率；A_i为研究区 i 级土地的分级指数；C_i为研究区 i 级土地占土地总量的比重；n 为土地利用程度分级数。

8.3　结果分析

8.3.1　海湾岸线人工化强度评价

岸线人工化指数是指人工岸线占一定区域岸线总长度的比例，可以反映人类活动对自然岸线干涉程度的强弱。根据式（8-1）计算并分析了宁波三湾在研究期间内不同时期岸线人工化指数及其变化情况（图8-2）。图8-2表明，整体来看，1990—2015年，宁波三湾平均岸线人工化指数从0.09增长至0.40，呈上升趋势，且相邻五年间的增幅不断升高，表明宁波三湾岸线人工化程度不断增强，其自然岸线受人类活动的影响显著升高。

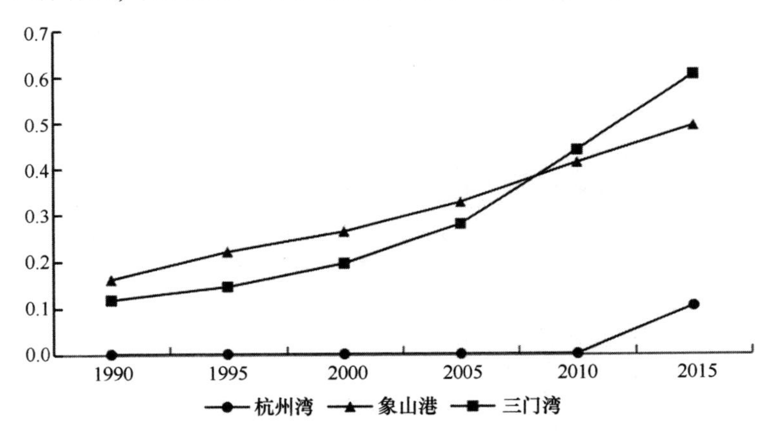

图8-2　1990—2015宁波三湾岸线人工化指数变化图

象山港岸段的岸线人工化指数在研究期间相邻五年间的增幅最为稳定，呈平稳上升趋势，由1990年的0.16上升至2015年的0.49，即该岸段有将近半数的自然岸线转变为人工岸线。此外，1990—2005年间，该岸段的人工化程度是三湾中最高的，但在随后五年中，其与三门湾岸段的差距逐渐缩小直至被追平甚至反超。研究期间，宁波三门湾岸段的岸线人工化指数增幅在宁波三湾中最高。其中，1990—2000年期间，该岸段岸线人工化指数年均增长率相对较低且缓慢，在随后的五年内出现第一次相对快速的增长，2005—2015年期间呈快速增长趋势，至2015年已高达0.61，自然海岸仅余39%。1990—2010年间，宁波杭州湾岸段的岸线人工化指数均为0，2015年略有增加，约为0.10，远远低于宁波杭州湾岸段和象山港岸段，是宁波三湾中岸线人工化程度最低、自然岸线在其所在海湾岸线中占比最高的岸段。

8.3.2 海湾岸线利用主体度评价

利用式（8-2）以及研究区1990—2015年每隔五年共6个年份的数据，可得研究期间宁波三湾岸线开发利用主体类型及主体度的变化（见表8-2）。表8-2显示，在整个研究期间，杭州湾岸段和三门湾岸段均为单一主体结构。其中，宁波杭州湾岸段岸线主体类型为淤泥岸线，且其岸线主体度在1990—2010年间均大于0.9，2015年略有下降为0.87，但总体而言是宁波湾中岸线主体度最高的岸段。这主要得益于宁波杭州湾岸段是淤涨型滩涂海岸的性质及其较高的滩涂淤涨速率。1990—2010年，宁波三门湾岸段的岸线主体类型亦为淤泥岸线，但其岸线主体度呈下降趋势，从1990年的0.83减少至2010年的0.53，降幅高达35.9%。2015年，该岸段主体类型为养殖岸线，其主体度为0.58，说明研究期间淤泥岸线不断减少，大幅转为以养殖岸线为主的其他岸线。象山港岸段岸线类型丰富，其岸线结构在整个研究期间呈现出由单一主体依次向二元、多元结构演变的趋势。1990—2000年间，该岸段以淤泥岸线为主体，且其主体度呈下降趋势。2000—2005年期间，该岸段的岸线开发利用结构转为二元结构，淤泥岸线为第一主体类型，主体度为0.44，基岩岸线为第二主体类型，主体度为0.22。2005年以后，该岸段岸线结构进一步转变为多元结构，除淤泥岸线以外的其他岸线主体度均小于0.2，淤泥岸线主体度由2010年的0.39下降至2015年的0.33。

表8-2 1990—2015年宁波三湾岸线主体类型及主体度

时间	宁波杭州湾岸段			象山港岸段			宁波三门湾岸段		
	岸线结构	主体类型	主体度	岸线结构	主体类型	主体度	岸线结构	主体类型	主体度
1990	单一结构	淤泥岸线	0.99	单一结构	淤泥岸线	0.57	单一结构	淤泥岸线	0.83
1995	单一结构	淤泥岸线	0.99	单一结构	淤泥岸线	0.51	单一结构	淤泥岸线	0.80
2000	单一结构	淤泥岸线	0.99	单一结构	淤泥岸线	0.46	单一结构	淤泥岸线	0.74
2005	单一结构	淤泥岸线	0.93	二元结构	基岩岸线 淤泥岸线	0.22 0.44	单一结构	淤泥岸线	0.68
2010	单一结构	淤泥岸线	0.99	多元结构	淤泥岸线	0.40	单一结构	淤泥岸线	0.53
2015	单一结构	淤泥岸线	0.87	多元结构	淤泥岸线	0.33	单一结构	养殖岸线	0.58

8.3.3 海湾岸线开发强度评价

根据式（8-3）计算可得1990—2015年宁波三湾岸线开发利用强度指数，如表8-3所示。表8-3显示，宁波杭州湾岸段、象山港岸段以及宁波三门湾岸段的岸线开发利用强度指数在整个研究期间均有不同程度的增加。其中，象山港岸段的岸线开发利用强度指数在研究期各年份中始终居宁波三湾之首，年均增长率约5.0%，各年份涨幅较稳定。1990年，其岸线开发利用强度指数为0.18，开发利用程度不高，1995年之后该海湾岸线开发进入快速发展阶段，其岸线开发利用强度指数不断增加，到2015年已增长至0.42，表明该岸段岸线开发愈加深入。1990年，三门湾岸段岸线开发利用程度与象山港岸段较为接近，在随后的20年内均与象山港岸段有一定差距，在2015年其岸线开发利用强度指数达0.41，逼近同年象山港岸段。1990—2000年间，该岸段岸线开发利用强度指数均小于等于0.2，呈缓慢增长趋势，年均增长率约2.4%，海湾开发利用程度较轻。2000年以后该岸段岸线开发利用强度显著增加，且有两次增幅较大的时段，一是2000—2005年期间年均增长率小幅跃升至5.2%，二是2010—2015年期间年均增长率大幅提升至10.7%。1990—2010年期间，宁波杭州湾岸段岸线开发利用强度指数均为0.1，至2015年仅增长至0.11，是整个研究期间宁波三湾中开发利用强度指数及其增幅最低的岸段。

表8-3 1990—2015年宁波三湾岸线开发利用强度指数

	1990	1995	2000	2005	2010	2015
宁波杭州湾岸段	0.10	0.10	0.10	0.10	0.10	0.11
象山港岸段	0.18	0.22	0.25	0.31	0.36	0.42
宁波三门湾岸段	0.16	0.17	0.20	0.25	0.27	0.41

8.3.4 海湾土地开发利用强度评价

土地综合利用程度是一定区域内不同土地利用类型受人类活动影响的程度，可以体现出区域土地开发利用强度。利用式（8-4）可获取并分析宁波三湾在1990—2015年间土地综合利用程度变化情况（表8-4）。由表8-4可知，研究期间，宁波三个海湾的土地综合利用程度均呈增长趋势，其中宁波杭州湾岸段呈波动增长，在各年份均高于其他两个海湾；宁波三门湾岸段和象山港岸段则总体相差不大，前者先减后增，后者稳定上升，前者略高于后者。说明，1990—2015 年间，宁波三湾中，宁波杭州湾岸段土地利用强度最大。

表 8-4 宁波三湾土地综合利用程度

	1990	1995	2000	2005	2010	2015
象山港岸段	235.998	236.012	236.173	236.493	236.984	241.566
宁波三门湾岸段	238.872	238.183	238.693	242.152	242.665	243.895
宁波杭州湾岸段	269.657	265.526	274.336	279.528	287.025	292.300

土地利用变化量和变化率可以综合展现一定区域土地利用的水平和趋势，并可据此预测其未来变化。当两者的值为正时，则该区域土地利用处于发展期，反之则处于衰退期或调整期。根据式（8-5）计算可得宁波三湾 1990—2015 每隔五年土地利用程度变化量和变化率（表 8-5）。表 8-5 显示，25 年间，宁波三湾土地利用总体处于发展期，其中宁波杭州湾区域土地利用类型转变的程度最为强烈。象山港岸段土地利用程度变化量和变化率在各研究时段内均为正值且呈上升趋势，故该岸段土地利用在研究期间一直处于发展期，土地利用强度加深。宁波三门湾岸段和宁波杭州湾岸段土地利用程度变化量和变化率在整个研究期间呈波动增长，1990—1995 年间为负值，之后保持正值，即由调整期转为发展期。两者增长趋势类似，但后者的变动幅度远大于前者。

表 8-5 宁波三湾土地利用程度变化指数表

		1990—1995	1995—2000	2000—2005	2005—2010	2010—2015	1990—2015
象山港岸段	土地利用程度变化量	0.014	0.161	0.320	0.492	4.581	5.568
	土地利用程度变化率	0.000	0.001	0.001	0.002	0.019	0.024
宁波三门湾岸段	土地利用程度变化量	−0.689	0.510	3.459	0.513	1.230	5.023
	土地利用程度变化率	−0.003	0.002	0.014	0.002	0.005	0.021
宁波杭州湾岸段	土地利用程度变化量	−4.131	8.811	5.192	7.496	5.275	22.643
	土地利用程度变化率	−0.015	0.033	0.019	0.027	0.018	0.084

总体而言，宁波三个海湾岸线开发强度和土地利用强度在1990—2015年间均呈上升趋势。从岸线开发强度来看，象山港是研究期间岸线开发强度最大的岸段，三门湾紧随其后，是岸线开发强度年均增长率最大的岸段，宁波杭州湾则是岸线开发强度最低的岸段。而从土地开发利用强度来看，宁波杭州湾则是土地开发利用强度最大的海湾，宁波三门湾与象山港土地开发利用强度相近，前者略高于后者。

8.4　讨论

区位和资源禀赋、社会经济水平和制度因素是造成区域开发利用程度差异的重要因素，其种类、数量与质量在空间分布上的非均质性，将影响经济活动的有效性和最终收益，表现为区域发展水平的差异。但这些因素均可在人为影响下产生变化，且相互之间存在相关性，因此研究区域开发利用程度的差异时，应综合考虑上述因素。

8.4.1　区位与资源禀赋的差异性

不同区域的自然资源禀赋具有先天优劣性，是社会经济发展之根本，直接影响初期区域发展水平。宁波杭州湾岸段是淤涨型滩涂海岸，海域开阔，掩蔽条件差，不适宜建设港口，但其滩涂资源非常丰富。据我国近海海洋综合调查结果，此岸段淤泥岸线年均向海推进约19 m，个别年份甚至高于40 m，因此该岸段岸线结构单一，在宁波三湾中岸线开发利用主体度最高。同时，该岸段滩涂围垦历史悠久，早期主要用于渔业养殖，随着社会经济的发展土地资源供求矛盾突出，为破除土地资源限制，逐渐转用于城镇建设。研究期间，该岸段大幅围垦滩涂用于农业和城镇建设，土地利用强度不断增大，但由于该岸段滩涂淤涨速率高，仍有大量滩涂淤积于海堤之外，故淤泥岸线始终是该岸段的主体岸线类型。这也是该岸段土地利用强度高于其他岸段，但岸线开发利用强度远低于其他岸线的矛盾出现的原因。但该岸段围填海造地的速度过快，局部甚至超出滩涂自然淤涨的速度，应严格控制围填海的规模及其围填后土地的利用方向，保障滩涂资源的永续使用。

象山港岸线曲折绵长、类型多样，是宁波三湾中岸线资源最丰富的岸段，且其海洋资源丰富，有利于海湾复合式开发，为该岸段岸线开发利用从单一主体过渡为二元结构，最终转为多元结构提供了资源保障。象山港是狭长型的半封闭海湾，三面环山，基岩岸线丰富，有利于港口和码头建设，自 2006 年宁波舟山港正式启用后，象山港作为其重要功能组成，港口岸线迅速增加，占岸线总长度的比例也从 1990 年的 1.15%跃升至 2015 年的 11.06%。象山港入湾河流较多，海水营养盐丰富，适用于渔业养殖，沿港两侧连片分布。铁港、西沪港和黄墩港滩涂面积广大、涂质肥沃，滩涂养殖集中，但由于港内水动力较弱，养殖池外有大量滩涂淤积，是研究期间得以保留的淤泥岸线的主要分布区域。

宁波三门湾岸段滩涂资源丰富，可提供大量的后备土地资源，且其海域生物养料充足、水体交换较快，有利于水产养殖业的发展。虽其与象山港同为半封闭型海湾，湾内避风条件较好，但该岸段大规模的围垦加剧了海床淤积，不利于港口的建设与使用。与宁波杭州湾岸段相比，该岸段滩涂自然淤涨速度较慢，无法在短时间内淤积出大量滩涂。

8.4.2 社会经济水平的影响

宁波杭州湾区域在行政区划上隶属于宁波余姚、慈溪地区，通过杭州湾跨海大桥和杭甬高速铁路连接上海与杭州，交通和区位优势显著，且人口素质较高，科技和经济发达。其单位土地人口数量、城镇化水平（2015 年约为 67.07%）和经济发展水平在宁波三个海湾中最高，这意味着更高的土地利用集约程度和更深刻的人类活动影响，也即更高的土地利用强度。1990—2015 年间，为了满足区域发展需要，宁波杭州湾区域的岸线不断向海推移，滩涂被大幅占用，尤其是宁波杭州湾新区的建设，使围填海后土地出现从农业向城镇建设转型的趋势。

象山港和宁波三门湾在地理位置上邻近，社会经济水平和土地利用强度均不及宁波杭州湾区域，但二者均面临发展经济的巨大动力与压力，岸线开发强度和土地利用强度均呈上升趋势。两者相较，象山港的区位和社会经济水平更优。象山港区域紧靠国际航行干线和长江黄金水道，是宁波舟山港的重要功能组成，交通网络密集畅通，对外物资交流便捷，渔业和工业是该区域的重要支柱产业。研究期间，该区域渔业保持高速增长，以乡镇工业为主体的工业快速发展，港口临港工业初具规模，城镇工业岸线和港口码头岸线比重逐年增长，养殖用地和建设用地面积连年扩张。但其腹地奉化、宁海和象山经济水平不高，由于自身条件限制与周边港口缺乏竞争力，阻碍了象山港区域的发展。

当前，宁波三门湾区域仍处于宁波南部交通运输网络末梢，较难接受宁波和台州中心城区经济的辐射带动。区域基于渔业资源，长期以来一直以第一产业为支柱产业，城镇化率不足20%（2015年），人口素质相对较低，区域经济基础薄弱，难以通过工业化、信息化促动新型城市化的发展。研究期间，出现大规模围填海活动，多用于渔业养殖，仅下洋涂围垦工程、蛇蟠涂围垦工程和双盘涂围垦工程二期三项合计围涂77.87 km^2。因此区域人工岸线和养殖用地大幅增加，岸线人工化强度和土地利用强度不断升高。

8.4.3　制度因素影响

制度包括政策、法规、社会制度和文化习俗等，可以在一程度上克服由自然资源禀赋的先天优劣带来的区域发展差异，也可以扩大自然条件相似的区域间经济水平的差异，在开展区域经济活动以及促进区域发展方面意义重大。

政策和制度能够帮助经济活动主体更有效地利用自然资源和社会资源，甚至改变区域固有的区位条件，直接影响区域发展定位和开发程度。2000年以前，陆域地区仍是国家经济发展的战略重心所在，此阶段宁波三湾的岸线开发强度较低，土地利用强度总体略高一些。进入新世纪后，国家非常重视海洋经济的发展，尤其是2010年以来，相继提出了海陆统筹以及“一带一路”等倡议，同时设立了包括浙江在内的若干海洋经济发展试点地区。浙江省委于2006年提出以宁波舟山港为中心建设“港口经济圈”，发展港口产业链，2011年《浙江海洋经济发展示范区规划》获批后，宁波三湾区域得到进一步重视。在此期间，省级海洋功能区划（2006修编）出炉，宁波市县层面也提出了若干相应的区域总体规划，此后，宁波三湾区域的开发利用强度进入了加速增长的新阶段。

象山港在省级海洋功能区划中的定位主要是生态养殖、海洋旅游和湿地保护，同时具有一定临港产业功能，在此多元定位的影响下，该区域岸线利用结构逐渐由单一向多元演变。作为宁波舟山港的重要功能组成，2005年后象山港港口和临港工业开发力度加大，岸线开发强度显著增加。但同时，该区域功能定位侧重生态构建，相邻五年间岸线人工化程度和开发强度的年均增长率较平稳且呈微弱下降趋势。宁波杭州湾区域在省级海洋功能区划中主要定位是临港产业功能，兼具海洋旅游、滩涂养殖和围海造地功能，因此该区域开发受生态限制相对较小，产业集聚区发展较快。加之其核心区域宁波杭州湾新区的发展在2010年升级为市级战略后，区域开发强度进一步加大，目前初步形成宁波北部经济发展中心节点。该区域虽无港口，但港口经济圈的设立，使其与宁波临港产业核心区的关联发展带来可能，无疑给其对外联系和开放提供了更多的优势。宁波三门湾区域由于发展水平较低，长期以来未曾得到市县层面的足够重视，研究初期岸线开发强度虽逐年增加，但主要进行滩涂围垦以实现宁波市耕地占补平衡，对自身发展缺乏统筹考虑，岸线和土地利用程度在宁波三湾中最低。2010年，宁海县设立宁海三门湾新区，2014年，宁波南部（宁海）滨海新区管委会成立，该区域的统筹发展上升为市级战略层面，此后该区域开发利用程度骤升，岸线人工化程度已超过象山港，总体开发强度也逼近象山港。

8.5 结论

（1）1990—2015年间，宁波三湾岸线平均人工化指数呈上升趋势，主要通过将基岩岸线开发成港口码头，以及淤泥岸线开发成建设岸线和养殖岸线。研究之初，岸线人工化程度最高是象山港岸段（0.16），而到研究结束时，则变为宁波三门湾岸段（0.61）。研究期间，宁波三湾某些淤泥岸段（尤其是宁波杭州湾岸段）的滩涂围垦强度弱于泥沙淤积强度，降低了海湾岸线人工化程度。

（2）整个研究期间，宁波三门湾和宁波杭州湾的岸线开发利用结构始终为单一主体结构，前者的主体利用类型由淤泥岸线转为养殖岸线，后者主体利用类型为淤泥岸线，且岸线主体度高于前者。象山港岸段的岸线类型丰富，其岸线利用结构在25年间呈现出由单一主体依次向二元、多元结构演变的趋势。

（3）1990—2015年间，宁波三湾的岸线开发利用强度和土地利用强度均有不同程度的增加。岸线开发利用强度指数最大的是象山港（0.42），其次是宁波三门湾（0.41），宁波杭州湾因其岸线类型单一且围垦速率弱于滩涂淤积速率，岸线开发利用程度指数最低，仅0.11。从整个研究期来看，宁波三湾土地利用均处于发展期，其中宁波杭州湾区域土地利用类型转变的程度最为强烈。土地利用程度指数最大的是宁波杭州湾（292.30），宁波三门湾与象山港相近，前者为243.90，后者为241.57。

（4）区位和资源禀赋、社会经济水平和政策因素是造成宁波三个海湾区域开发利用程度差异的重要因素，要素间相互作用、相互影响。区位和资源禀赋的结构和数量决定了各海湾初期的发展方向和社会经济水平，社会经济水平影响区位和资源的优势度，而政策则对区位和资源进行了重新洗牌，对处于经济转型期的地区尤为重要。浙江正处于陆地经济向陆海联动经济转型期，宁波三湾发展受国家和省市县的重视和政策支持，对浙江乃至国家湾区经济建设意义重大。

9　宁波杭州湾、象山港、三门湾区域海洋经济对国家战略响应测度

宁波历来重视海洋经济发展，随着各级政府相关战略规划的出台，并结合对宁波经济发展方向的考量，宁波湾区已成为宁波海洋经济发展的重要推动源之一。随着宁波海洋经济结构的优化、各级战略规划的引导以及相关海洋产业在空间位置、组织结构等发展条件的变动，宁波杭州湾、象山港、三门湾发生了巨大变化。本章重点分析宁波湾区（杭州湾、象山港、三门湾）对外部环境的响应，剖析宁波湾区经济后续发展的优劣，尝试构建宁波湾区经济发展路径，为宁波湾区产业发展提供科学思路。

9.1　宁波杭州湾、象山港、三门湾区域经济发展现状分析

9.1.1　湾区经济发展指数模型

研究构建湾区经济发展指数模型，量化分析宁波杭州湾、象山港、三门湾的海洋经济发展状况。构建宁波湾区经济发展指数评价体系，输出湾区经济发展趋势图，分析测算湾区经济演化状况。具体模型构建步骤是采用熵值法测算评价对象数值，利用核函数绘制海洋经济演化图。

（1）鉴于指标的代表性、针对性及数据获取难易程度，从 4 个维度（湾区宏观经济 X1、湾区开发潜力 X2、湾区发展条件 X3、湾区生态环境 X4），选取 24 个具体指标（表 9-1），参考相关学者构建评价体系。

表 9-1 湾区综合辐射能力评价体系

准则层	具体指标
湾区宏观经济 X1	人均生产总值、第一产业增加值、第二产业增加值、工业增加值、第三产业增加值、企业利润总额
湾区开发潜力 X2	固定资产投资额、公路里程、境内高速公路里程、渔业产值、每万人海域面积、每万人海岸线长度
湾区发展条件 X3	工业用电、社会消费品零售总额、国内游客旅游收入、水运货运量、公路货运量、实际使用外资金额
湾区生态环境 X4	水利、环境和公共设施管理业从业人员、城镇生活污水集中处理率、生活垃圾无害化处理率、工业废水排放量、一般工业固体废物综合利用率、一般公共服务支出

（2）在构建指标体系的基础上，采用熵值法测算湾区经济发展指数。熵值法是通过分析数值之间的离散程度来表示指标的相对权重，数据的离散程度越大，信息熵越小，该指标对综合评价的影响越大，其权重也应越大。由于所选取的评价指标中存在绝对指标和比重指标，指数测算前先进行数据标准化处理。

计算第 j 年份第 i 项指标值的比重 P_{ij} 及第 j 项指标的熵值 e_j，m 为样本数量，K 为常量。

$$P_{ij} = y_{ij} / \sum_{i=1}^{m} y_{ij} \quad e_j = -K \sum_{i=1}^{m} P_{ij} \ln P_{ij}$$

定义权数 ω_j：

$$\omega_j = \delta_j / \sum_{j=1}^{m} \delta_j$$

计算总和得分值 M_i。式中 M_i 为第 i 方案的总和评分值。

$$M_i = \sum_{j=1}^{n} \omega_j P_{ij}$$

（3）Kernel 密度估计，核密度估计是在概率论中用来估计未知的密度函数

$$\int_h (x) = \frac{1}{nh} \sum_{i=1}^{n} K\left(\frac{x - x_i}{h}\right)$$

其中核函数（kernel function）是一个加权函数，研究选取高斯核函数对湾区经济发展水平的演进过程进行估计。

（4）研究范围主要为宁波杭州湾、象山港、三门湾区域，地理位置位于宁波下辖县域，杭州湾地区主要由慈溪、余姚下辖乡镇以及杭州湾新区所构成；象山港湾区范围相对较广，主要涵盖北仑、鄞州、宁海、象山下属乡镇；三门湾地区主要以宁海、象山下辖乡镇分布为主。杭州湾位于宁波西北部，毗邻绍兴，象山港与三门湾在空间上相临近，生态资源较为丰富，三门湾主要是指宁波与台州毗邻的湾区北岸。鉴于乡镇层面海洋经济指标数据获取的难度较大，所以在测算宁波湾区经济发展指数演进时，从县域层面（象山县、宁海县、北仑区、慈溪市、余姚市、鄞州区）分析宁波湾区经济发展水平演进状况。

9.1.2 核密度测算及分析

为分析宁波湾区经济发展时间演化态势，应用 Eviews 8.0 版本对宁波湾区经济发展水平进行 Kernel 估计，得出 Kernel 密度二维图（图 9-1）。其中选取 2010、2015 年海洋经济发展指数（表 9-2）绘制 Kernel 密度曲线，通过对不同时期的比较分析，得出宁波湾区海洋经济发展变化特征。

表 9-2 2010、2015 年宁波湾区经济发展指数

地区	2010					2015				
	X1	X2	X3	X4	综合	X1	X2	X3	X4	综合
象山县	0.006	0.154	0.020	0.006	0.185	0.009	0.154	0.025	0.006	0.194
宁海县	0.006	0.020	0.010	0.004	0.040	0.009	0.021	0.014	0.006	0.050
北仑区	0.010	0.021	0.033	0.033	0.097	0.018	0.026	0.051	0.021	0.115
鄞州区	0.014	0.010	0.020	0.011	0.054	0.020	0.015	0.029	0.008	0.072
慈溪区	0.012	0.013	0.015	0.010	0.049	0.018	0.018	0.016	0.009	0.061
余姚市	0.009	0.007	0.013	0.009	0.037	0.013	0.009	0.016	0.007	0.045

1. 海洋经济发展指数分析

所构建的湾区经济发展评价体系测算结果表明：2010 年和 2015 年象山县综合得分最高，究其原因在于湾区开发潜力相对较好，但其湾区宏观经济以及湾区发展条件方面尚未形成实际经济推动力。北仑区其次，在湾区发展条件以及湾区生态环境方面得分较多，海洋经济发展已形成较为完整、和谐的产业发展体系。鄞州区、慈溪市、宁海县、余姚市海洋经济发展水平相当，慈溪市海洋经济发展指数略高于宁海县。各县域海洋经济发展水平均处于稳步提升阶段。

2. 湾区经济发展水平演化分析。

（1）位置看，2010 年至 2015 年表现出密度函数中心呈现向右移动趋势，说明宁波湾区经济发展水平正在逐步提升，其中各县域海洋经济发展指数增长较为稳健。

（2）形状看，2010、2015 年出现了双峰图像，表明宁波县域层面湾区发展不均衡现象仍较为明显，在指数低水平发展上分布概率面积较大。2015 年右侧拖尾部分面积大于 2010 年，表明研究县域在湾区经济发展水平上正逐步提升，但其低水平发展区域的提升速度较为平缓。

（3）峰值变化看，2010 年图像峰值均高于 2015 年图像，呈现宽峰分布，说明宁波湾区经济的发展存在不均衡性，湾区间发展差异性尚未得到解决。

综合分析指数测算结果以及核密度绘制图，宁波湾区经济发展现状呈现以下特征：①三大湾区间海洋经济发展存在不均衡性，湾区相关县域间海洋经济发展存在差异性，2010—2015 年尚未能解决发展差异性问题。②湾区总体海洋经济发展水平正逐步提升，但低发展水平仍属于多数，宁波湾区发展仍处于初级开发阶段。③湾区发展潜力巨大，但尚未将内在潜力转化为外向驱动力，宁波下辖县域尚未构建湾区完整的产业发展架构，与传统海洋经济发展核心区的差距仍然存在。

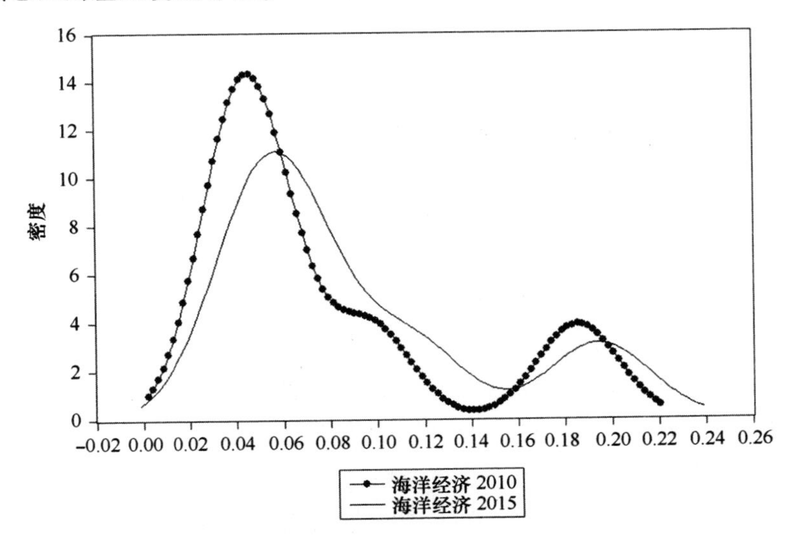

图 9-1　宁波湾区经济发展水平的核密度分布

9.2 湾区发展规划体系梳理及内部关系分析

9.2.1 湾区发展规划体系梳理

根据规划文本规划细则的不同，将涉及规划分为区域总体规划和区域专项规划，根据发布主体等级的不同则细分为国家层面战略、省域层面战略、市县层面战略三类（图9-2）。到2017年为止，宁波湾区发展规划形成以国家层面战略为指导，市域及县域层面相关规划为实施细则的行政规划体系。国家层面战略主要完成规划区经济建设顶层设计，为省市层面湾区规划提供决策依据；省域层面研究内容以城镇体系以及国民经济发展为主，对重点城镇经济发展区提供专项规划细则，《浙江省环杭州湾地区城市群空间发展战略规划》的出台体现了杭州湾地区在省内城镇经济体系中的重要地位。宁波湾区市县层面战略规划条目较多，规划内容较为详尽，既包含城镇体系规划、国民经济发展规划，也出台了湾区产业专项规划。市县层面下属乡镇层面规划主要以乡镇体系规划为主，在规划编制中兼顾到湾区产业发展。宁波湾区规划在国家层面、省域层面、市县层面（包括乡镇层面规划）形成自上而下的规划体系，国家级战略规划为下级规划编制部门提供规划原则，省域层面战略规划根据湾区具体发展，定位湾区产业发展，市县层面执行实施相关规划，并具体增补湾区的发展规划内容。

9.2.2 湾区发展战略体系内部分异

梳理各层面湾区战略规划体系（表9-3）发现：①国家层面战略规划提供了具体规划的编制原则，其中关键词以“产业发展”“投资”“合作”“开发”为主，体现了中央政府对于国家在经济全球化发展过程中内部环境机制及多边区域产业合作的关注。②省域层面相关规划注重湾区发展及其产业集聚联动性，强调区域资源开发与经济发展均衡性以及经济效益。③市县层面更加强调湾区发展的因地制宜，注重经济与生态共赢原则，结合湾区自身资源以及发展定位，确定湾区产业经济及城镇空间发展动态。

结合各层面规划内容以及各湾区实际状况分析，宁波湾区具体规划存在差异性。①杭州湾地区依据相关规划明确要求其经济体系具备滨海旅游、湿地保护、临港工业等功能。经过土地开发以及产业建设已初步形成宁波北部

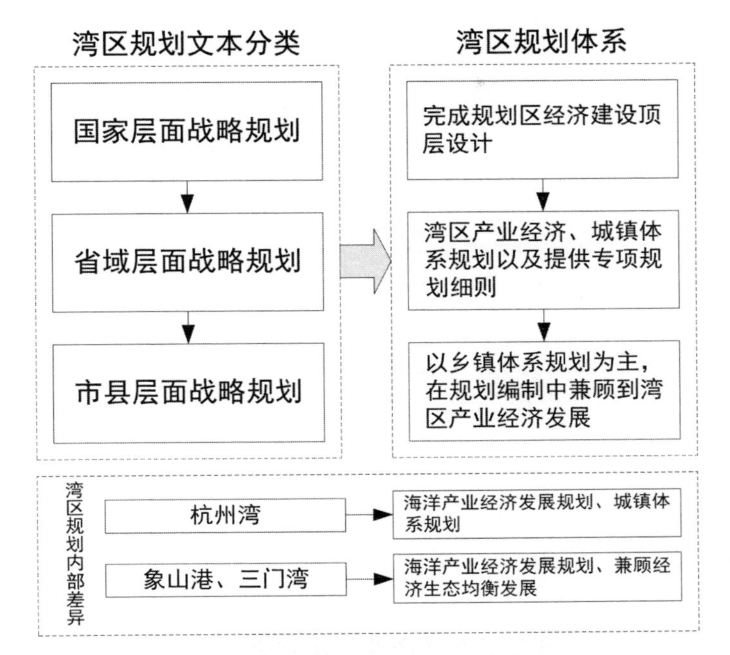

图 9-2 宁波湾区发展规划体系梳理

经济发展中心节点，其产业集聚区发展优于象山港、三门湾。相关规划已上升为省域层面发展规划，产业发展定位高于象山港及三门湾。②象山港、三门湾地区经济发展相对迟缓，原因在于市域经济发展重心的偏离、产业集聚区的弱关联性及区域发展定位差异性，两者产业经济相关发展规划必须兼顾区域生态涵养现实意义。象山港、三门湾地区发展规划主要是市县层面，强调区域产业经济发展、产业集聚区构建，在城镇建设方面涉及相对较少，现阶段注重海洋产业经济建设兼顾宁波南部生态区构建的规划要求。

表 9-3 浙江海洋经济相关区域发展战略规划文本

战略规划	战略政策
国家层面	《推动共建丝绸之路经济带和 21 世纪海上丝绸之路的愿景与行动》 《浙江海洋经济发展示范区规划》
省域层面	《浙江省环杭州湾地区城市群空间发展战略规划》 《浙江省城镇体系规划（2011—2020 年）》 《浙江省产业集聚区发展总体规划（2011—2020 年）》 浙江省“十三五”规划及相关专项规划

续表

战略规划	战略政策
市县层面	《宁波市城市总体规划（2006—2020）》、《宁波杭州湾新区总体规划（2010—2030）》、《宁波三门湾区域发展规划》、《象山港区域保护和利用规划纲要（2012—2030）》、《宁波市海洋经济发展规划》、《象山港区域旅游发展规划（2014—2030）》、《宁波市“十三五”规划及专项规划》 《慈溪市城市总体规划（2002—2020）》、慈溪市“十三五”规划及专项规划 《宁海县域总体规划（2007—2020）》、宁海县“十三五”规划及专项规划 《象山县域总体规划（2005—2020）》、象山县“十三五”规划及专项规划

资料来源：作者整理

9.3 国家战略对宁波湾区经济发展的影响分析

9.3.1 “一带一路”倡议对宁波海洋经济突围的影响

1. “一带一路”倡议与宁波湾区经济发展关联性

“一带一路”倡议是中国政府为促进国内经济社会持续发展，推动经济全球化深入发展而提出的国际区域经济合作新模式（图 9-3）。在全球经济复苏缓慢的大背景下，加强中国经济体与外界的交通、贸易、信息技术联系。该战略决策旨在维持国内经济发展态势，优化国内产业结构，缓解国内产能过剩等问题，战略重点在于“一个核心理念”（和平、合作、发展、共赢）、“五个合作重点”（政策沟通、设施联通、贸易畅通、资金融通、民心相通）和“三个共同体”（利益共同体、命运共同体、责任共同体）。现阶段基于经济地理学视角下的“一带一路”倡议发展重点在于基础设施建设、资产海外投资等方面，构建多维度联系以达到经济全球化、区域多边合作的目的。

“一带一路”倡议与宁波地区关联互动的重点在于“21 世纪海上丝绸之路经济带”中的南线、中心线部分。宁波地区具有成为航运关联节点城市的发展条件，北部杭州湾是浙江河海联运的关键航道，南部象山港、三门湾具备良好的港口开发条件，能够成为宁波南部重要的产业生产基地。宁波湾区开发增强了宁波与泉州、福州、广州、连云港的经济产业联系。通过湾区开发，将宁波纳入“一带一路”倡议海港产业网络体系及对外产业生产网络体系，推动了海上丝绸之路城市联系网络的优化发展。

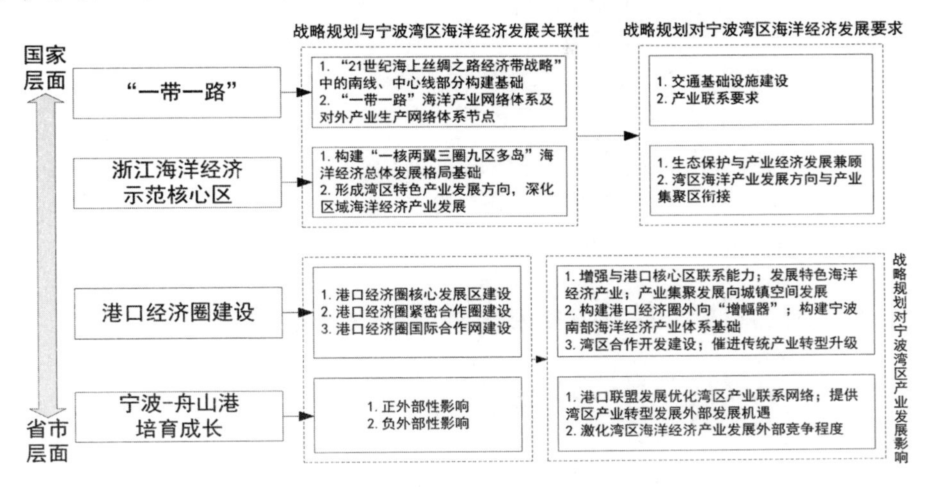

图 9-3　宁波湾区关于国家省市层面规划关系研究

2. "一带一路"倡议对宁波湾区经济发展的要求

（1）交通基础设施建设。"一带一路"倡议关于对外基础设施的建设要求，有助于推动湾区交通基础设施的建设。现阶段宁波湾区处于初步开发阶段，各湾区交通基础发展存在差异性。北部杭州湾地区通过围填海工程获取土地资源，构建经济开发区，优化地区交通运输网络，增强其外向产业联系能力。南部象山港现阶段仍以渔业养殖、捕捞为主，地区交通外向性不足，需要依托地区良好岸线资源进一步增强其外向联系能力。三门湾地理位置处于甬台行政边界，建设资本投入不足，基础设施建设相对滞后，薄弱的交通联系能力割裂了甬台地区经济关联性。

（2）产业联系要求。"一带一路"倡议在产业联系层面要求国内外产业合作，优化产业链，加强经济全球化发展态势。要求宁波湾区拓展投资领域，开展农林牧渔业、农机及农产品生产加工等领域深度合作，积极推进海水养殖、远洋渔业、水产品加工、海水淡化、海洋生物制药、海洋工程技术、环保产业和海上旅游等领域合作。宁波湾区针对其发展资源优势，构建产业联系网络。宁波湾区在发展传统产业（纺织、种植、机械机电、文具等领域）基础上，利用自身资源拓展海洋旅游业、现代渔业、海洋文化产业。杭州湾经济开发区的设立，推动了地区高新技术的集聚，加强了产业链的上游建设。产业研发设计院建设以及企业科研资金的投入将逐步提升杭州湾资金密集、技术密集型产业的布局密度，提高产业外向性联系度。象山港湾区渔业资源、旅游资源丰富，积极拓展渔业资源，与旅游资源相结合深化产业联系度。三门湾产业开发状况相对落后，面临启动资金缺乏、产业基础不健全、行政统筹机制不完善等难题，其产业外向联系网络的构建处于初期阶段。三门湾与象山港空间距离的临近以及自然资源禀赋的相似性，使得三门湾与象山港存在联动发展的基础。两者联动发展依托象山县、宁海县及台州市构建统筹机制，集聚产业，形成产业集聚区。

9.3.2 浙江海洋经济示范核心区对宁波海洋经济的期盼

1. 浙江海洋经济发展示范核心区与宁波湾区经济发展关联性

浙江海洋经济发展示范核心区是中国划定的首个海洋经济发展示范区，将浙江规划定位成我国大宗商品国际物流中心、舟山海洋综合开发试验区、大力发展海洋新兴产业、海洋海岛开发开放改革示范区、现代海洋产业发展示范区、海陆统筹协调发展示范区和生态文明及清洁能源示范区，整体构建“一核两翼三圈九区多岛”海洋经济总体发展格局。其中九区包括了杭州湾、象山港、三门湾。杭州湾具有滨海旅游、湿地保护、临港工业等基本功能，成为推动浙江发展的核心动力，是浙江海洋经济发展示范核心区重点发展两翼之一，成为带动长江三角洲地区海洋经济发展的重要平台。象山港、三门湾地区作为浙江南翼规划发展重点区域，两者都具备良好生态环境的潜在优势，形成滨海旅游、湿地保护、生态型临港工业等产业发展方向，规划要求在海洋生态保护的基础上，实现生态与产业经济的共同发展。

2. 浙江海洋经济发展示范核心区对于宁波湾区发展要求

（1）生态保护与产业经济发展兼顾。

浙江海洋经济发展示范核心区将海洋经济作为浙江经济转型升级的“突破口”，优化地区产业结构。宁波湾区为获取经济质量提升，必然面临部分层面效益的损失。其中湾区采用围填海方式解决土地资源开发瓶颈。杭州湾地区已通过围填海工程获取了一定数量的工业发展用地；象山港区域传统养殖及捕捞产业链的延伸刺激着工业用地的需求；三门湾的围垦工程用于宁波全市耕地占补平衡。为深化湾区经济发展，延长海洋经济产业链，湾区发展必须兼顾地区产业发展经济效益以及生态效益的均衡性。尤其以象山港、三门湾产业开发建设最为明显，根据宁波市城市总体规划（2006—2020年），象山港区域被定位为全国海洋生态文明示范区、长江三角洲地区重要的休闲度假港湾、浙江省海洋新兴产业基地、宁波现代都市重要功能区。三门湾区域是产业复合型、生态友好型、滨海风情型的全国海湾生态经济试验区、国家海洋生物多样性保护示范基地、国家现代农渔业基地、长江三角洲海洋新兴产业基地、海峡两岸交流合作示范基地。两者发展必须将生态保护作为区域海洋产业集聚发展的前提。

（2）湾区海洋产业发展方向与产业集聚区衔接。

浙江海洋经济发展示范核心区提出构建九大产业集聚区，其中在杭州湾地区构建宁波杭州湾产业集聚区，突出海洋新兴产业特色，重点发展海洋工程装备制造和海洋现代服务业。

2014年杭州湾地区国家级经济开发区的设立推动了杭州湾地区成为区域产业发展核心，其中纺织化纤、医药产品制造、汽车装备制造等产业成为了开发区发展的支柱产业。杭州湾地区与宁波临港工业区、港区相衔接，具备海洋工程装备制造业发展的便利条件。象山港、三门湾毗邻宁波梅山所构建的宁波梅山物流产业集聚区，集聚区以国家保税港区和梅山新城为依托，重点以发展保税仓储、转口贸易和增值加工产业为目标定位。梅山物流产业聚集区的设立将有效衔接象山港、三门湾区与物流产业加工流转基地的联系。两者具有发展现代海洋渔业的潜力，延伸现代海洋渔业产业链以及拓展产品加工、冷链、销售与物流产业。两者与产业集聚区的衔接也将带动湾区周边产业与梅山产业集聚区的关联互动，增强区域产业竞争能力。

9.4　省市规划层面对宁波湾区经济发展的影响分析

9.4.1　港口经济圈建设对湾区建设要求的新高度

浙江省委2006年提出利用好开放和港口优势，打造辐射长三角、影响华东片区的“港口经济圈”。宁波港口经济圈以宁波—舟山港为中心，以宁波市与腹地城市群为载体，以综合运输体系和海陆腹地为依托，以港口产业链为主要支撑，经济、社会、文化、生态紧密联系，相互协调、有机结合、共同发展的区域经济共同体，具有“圈层带动、线性辐射、网络牵引、产业支撑”的特征。港口经济圈发展目标为构建“一区、一圈、一网”产业经济空间结构。港口—城市联动发展，完善提升城市功能，发挥区域经济中心功能形成发展核心区；构建海陆空互联互通的联动枢纽，紧密联系腹地城市，构建经济交通联系圈；建立多地域、多层次、多形式、多领域的国际合作网络，成为世界海洋产业生产网络中的重要节点城市。随着“一带一路”倡议的提出，宁波港口经济圈规划“一区、一圈、一网”建设成为“一带一路”倡议的具体节点城市“详规”。两者在规划理念的衔接有效方面为宁波特色海洋经济发展提供了指导性建议。

1. 港口经济圈核心发展区建设要求

宁波港口经济圈核心发展区建设重点是港口与城市产业上的关联互动，发展临港工业，延长产业链，加强与城市产业关联性。现阶段宁波临港产业发展重点以镇海、北仑及宁波外围产业岛为主，宁波湾区尚未成为宁波临港产业发展的核心区域。湾区产业开发将推动宁波临港产业的空间优化调整，以响应宁波城市经济发展的动态变化。综合湾区产业发展现状及宁波城镇体系规划要求，宁波湾区直接开发形成资源开发型临港产业存在较大难度。各湾区相关产业及城市关联发展规划存在发展方向不同。

（1）杭州湾与宁波临港产业核心区关联发展受自然地形的限制，杭州湾地区海洋经济产业后续发展必须加强杭州湾地区与宁波临港产业核心区的物流运输能力。现阶段杭州湾地区根据其自身产业发展基础及发展方向，整合周边县域产业园形成产业集聚区，设立的杭州湾新区表明了杭州湾地区产业发展及城镇体系的未来发展趋势。

（2）象山港作为传统渔港，受宁波市域总体规划的限制，其产业发展必须兼顾生态湿地的保护。象山港以发展现代海洋渔业及海洋服务业为主，合理利用生态资源，形成特色海洋生态产业链。象山港出海口与宁波梅山物流产业集聚区毗邻，部分地区可与梅山临港产业关联互动，拓展象山港产业发展的方向。

（3）三门湾产业发展基础相对落后，其产业发展及城镇培育条件尚不足以将地方乡镇培育形成特色小镇及产业集聚区。三门湾产业发展最大的制约因素在于湾区发展规划体系的割裂，宁波、台州在市域层面尚未构成有效的协商统筹管理机制，三门湾整体湾区规划尚未形成。现阶段需加强区域协商，结合浙江海洋经济发展示范区规划，形成地区产业发展规划，加强与象山港产业的关联性，构成象山地区特色产业集聚区。湾区是宁波港口核心发展区产业延伸、扩大港口经济辐射圈的重要发展方向。

2. 港口经济圈紧密合作圈建设要求

港口经济圈紧密合作圈建设重点在于宁波港口腹地的扩展，关键在于外围混合腹地的争取。宁波作为港口城市，其区位布局面临外部港口的巨大竞争，港口向外辐射扩张已成为港口经济的内在需求。

（1）港口经济圈产业联系层面看，宁波港口经济圈发展核心位于宁波市区，下属县域与宁波港口产业体系联系紧密度不够，降低了港口的外向辐射强度。湾区位于宁波下属县域，远离传统宁波港口经济发展核心区，合理定位湾区海洋产业发展方向，增强港口临港产业网络联系度，成为港口经济外向辐射的“增幅器”，形成港口经济网络支点。通过湾区产业建设甚至是港区建设，扩大宁波港物流运输能力以及经济产业类型，提高宁波县域地区与港口发展的关联度。具体实现路径是构建港口经济圈联系度及扩张港口产业网络。联系度构建重点在于交通基础设施建设，在不违反相关规划要求的基础上，构建新型港区及发展临港产业，与县域经济相结合，发展成港口经济核心区。港口产业网络扩张重点在于增强产业关联性，湾区产业关联系呈现出承接宁波港口经济核心区以及宁波港外围腹地产业的联系多向发展态势。杭州湾承接宁波临港产业与杭州、绍兴地区关联支点，三门湾是承接宁波港口与台州地区的关联支点。

（2）港口经济圈空间扩张层面看，湾区是宁波港口紧密合作圈建设下阶段发展方向之一，现阶段港口发展重心位于宁波北部，其南部象山港区域港口建设相对落后。宁波—舟山港口联合扩张引起临港产业内部发展分异。杭州湾利用重化工产业在宁波北部集聚态势，加快块状海洋经济区的构建。象山港、三门湾地区结合本地生态资源优势，发展宁波南部现代海洋渔业以及现代海洋服务业，与宁波港北部重化工产业区形成南北产业结构空间分异，形成宁波港口经济圈发展新产业结构。

3. 港口经济圈国际合作网建设要求

面对经济全球化大背景以及国内“一带一路”倡议构建，区域合作以及全球生产网络构建的加速成为宁波港口经济圈建设面临的外部环境。港口外向交通、技术、物流、劳动力联系更加依赖于国际合作网的建设。宁波作为浙江地区重要的工业基地之一，企业分布密集，产业园及技术开发区等块状经济发展良好，与世界生产网络联系的诉求更明显。湾区开发建设能有效增强港口经济圈的外向影响力，其中杭州湾新区成为了湾区外向型发展的典型区域。杭州湾分区规划相关外向型产业类型区（汽车、化纤、制药），吸引高校、企业实验室等技术研发机构，改变传统产业装配、加工、包装的生产格局，向产业上游研发以及下游产品销售环节推进。象山港、三门湾区域与杭州湾地区发展方向存在差异性，不同于宁波港北部工业发展模式，以现代海洋渔业及海洋服务业为主，其外向产业交流更注重于渔业捕捞加工销售、海洋旅游开发等。相比于宁波港口经济圈北部完整产业体系构建，南部海洋资源开发仍处于初期开发状态，根据国家“一带一路”倡议，可采用国内外合作开发的模式，解决南部象山地区生态海洋产业的资金缺乏、管理经验不足、国内开发案例少等问题。

9.4.2 宁波—舟山港快速成长对湾区经济发展的影响

宁波—舟山港一体化进程代表了浙江港口群未来的发展趋势，两者一体化构建宁波北部完整产业发展体系，维持港口经济圈内在的发展稳定性。宁波—舟山港联动为宁波湾区经济发展创造了发展机遇，但同样也存在一定的发展竞争压力。

1. 正外部性影响

宁波—舟山港的初步构建完成，改变了传统产业集聚区的空间布局。根据《宁波—舟山港总体规划（2012—2030）》规划要求，宁波—舟山港两港合并是为了凸显其在长江三角洲地区综合运输体系中的枢纽作用，加快上海国际航运中心国家战略的实施。港口统一规划与管理有利于宁波—舟山地区集疏运体系的构建与完善，加快城市与港口互动发展进程的推进。宁波湾区中，三门湾（石浦港区）、象山港（象山港区）与港口一体化发展关联更为紧密。三门湾石浦港区主要以散货运输、陆岛交通以及沿海客运服务为主，港区服务范围局限于县域边界内；象山港区主要以散杂货运输和电厂煤炭接卸为主，远期兼顾集装箱运输。港口一体化推进过程中，港区间以港区外向集疏运路线创建为主，优化湾区港口发展基本条件，扩大港口辐射能力。增强象山港与宁波主要港口核心区的经济联系，临港产业化以及交通物流技术的提升将有力地推动现代渔业的发展。三门湾可根据《浙江重要海岛开发利用与保护规划》规划思想，结合地区发展生态特色，开发形成海岛旅游、度假、科研等现代海洋服务业。杭州湾地区虽无港区，但宁波—舟山港集疏运体系的完善能够有效提升杭州湾地区块状经济的外向竞争能力。部分产品能够借助港口外向物流交通，提升产品影响范围。

2. 负外部性影响

宁波—舟山港一体化进程推动了宁波与舟山地区在产业、城镇建设方面的一体化发展。浙江对重要海岛开发利用的重视，由近岸开发向岛屿岸线一体化开发发展，规划多个重要岛屿形成物流岛、产业岛。宁波—舟山港一体化进一步推动了多维临港产业体系的优化，巩固以宁波—舟山港区为核心的北部经济核心区，同时影响着南部湾区（象山港、三门湾）的产业建设发展。杭州湾地区受宁波—舟山港一体化负外部性影响相对较少，预期收益大于经济损失。鉴于现阶段与港口经济核心区的关联程度，杭州湾地区主要是利用自身县域经济产业基础，构建与临港产业相关联的块状经济区。舟山港口体系的嵌入将进一步加强宁波港口经济核心区北向空间布局态势的扩展，这在一定程度制约了港口核心区南部象山港、三门湾产业开发以及与核心区经济联系能力。

9.5 宁波湾区经济“十三五”的优劣势甄别与行动路径构建

“十三五”规划期是宁波城市及产业转型发展的关键五年，以形成更具国际影响力的港口经济圈和制造业创新中心、经贸合作交流中心、港航物流服务中心“名城名都”为核心目标之一。综合分析国家层面、市县层面战略规划思想对宁波湾区产业经济的影响，结果表明宁波湾区受规划政策影响程度较大，尤其对湾区产业外向联系、城镇体系演化都产生了一定的影响力。宁波湾区产业经济在“十三五”规划期间面临着挑战与机遇，通过甄别湾区经济发展的优劣势，构建湾区发展的路径，以期对湾区经济发展产生推动效应。

9.5.1 宁波湾区经济发展优劣势甄别分析

1. 宁波湾区经济发展优势

（1）省域“陆地—海洋”发展战略密切关联。

综合研究各层面区域战略发展规划文本，浙江经济发展战略重心正逐步由陆地经济发展向陆地—海洋经济联动发展转变。浙江沿海重要城市——宁波将成为浙江海洋产业发展的关键城市。综合宁波现有海洋经济发展状况，湾区开发已成为宁波海洋经济持续发展的有效手段（表9-4）。湾区经济建设受到各级政府的重点关注，国家层面海洋经济专项规划《浙江海洋经济发展示范区规划》将宁波湾区列为规划重点发展的九区之一，明确规划湾区产业经济基本发展方向。湾区相关城镇体系以及产业发展规划已明确规划湾区功能定位以及海洋产业发展方向，紧密衔接湾区产业发展与浙江产业发展战略的二者同步。在省域层面结合城镇体系发展规划，重点培育杭州湾作为浙江北部地区新型产业经济增长极，成为宁波北部新城。在市域层面为湾区产业发展制定了专项发展规划，专项战略规划的发布表明了湾区发展在宁波海洋产业体系构建网络中的重要地位。国家层面战略格局构建带动了省市层面对湾区相关规划的重视，受外部战略发展的引导，湾区出台了海洋产业规划，提出湾区发展重点，具体进行产业培育及其发展。

杭州湾地区海洋经济发展态势良好，外部战略长远规划了杭州湾地区的城镇体系发展，现阶段生产空间已存在向城镇体系发展态势。象山港在市域层面的相关规划较为详尽，在政策上为象山港海洋经济产业培育与发展提供了保障。三门湾地区相关产业发展规划基本以国家层面规划文本为依据，政策引导能力的增强能有效推动三门湾进一步的发展。密切联系浙江经济发展战略的转移方向，顺应政策引导下的经济发展趋势能有效缓解湾区产业所面临的资金、政策等困难。

（2）土地开发条件优越。

土地开发条件优越性体现在两大方面：①湾区土地资源丰富，土地资源储备量高。湾区除杭州湾外，产业集聚区的建设尚未形成规模，相关土地属性仍以农业用地属性为主，产业基础尚未构建完全。象山港、三门湾地区土地资源富集，成为海洋产业集聚区发展的优势条件。杭州湾地区已初步构建产业发展基础，通过现有土地块状整合及综合利用，已形成一定规模的杭州湾开发区。②湾区具备土地资源开发优势。产业园、产业集聚区建设都需要土地资源支持，相关开发普遍面临土地开发成本支出压力，湾区在这一方面具备内陆地区所不具备的开发优势。宁波湾区可适当采用围填海工程，增加区域土地资源，减少传统地块整合方式带来的经济支出负担。杭州湾新区开发建设的土地主要来源于杭州湾地区早期农业用地的转化以及围填海工程产生的新增土地，后续园区建设所需的土地资源也基本来源于杭州湾地区的围填海工程。三门湾地区围填海工程具有维持宁波市城市发展土地占补平衡的功能定位，相关土地资源增加可满足三门湾地区海洋经济发展需求。

宁波湾区通过现有农业用地转化以及湾区土地资源开发有效解决了产业集聚区建设中的土地资源问题。相比于内陆城市传统的土地开发形式，湾区土地开发条件更为便利与经济，相对应的土地开发成本相对较低。丰富的土地资源再结合省市规划政策的外部性引导，湾区土地开发条件较为便利，尤其对象山港湾、三门湾等发展基础较为薄弱地区而言，有效降低了产业集聚区建设成本。

（3）湾区特色产业发展方向明显。

宁波湾区海洋产业基础发展相对薄弱，积极响应国家战略发展规划和发展海洋产业是现阶段湾区经济发展的方向。湾区相关产业发展基础的构建存在差异性，不同湾区产业发展方向存在差异性。①杭州湾地区海洋产业基础已初具规模，在慈溪经济技术开发区的基础上成立了国家级杭州湾新区，并出台了《宁波杭州湾新区总体规划（2010—2030）》。规划文本从城镇建设、产业经济、企业发展等方面确认了杭州湾地区在海洋产业发展方面，要依托宁波港口经济核心区，重点发展海洋工程装备制造和海洋现代服务业。在此基础上利用围填海工程新增土地资源开发形成海洋产业以及城镇建设关联互动发展模式，在构建完整海洋产业链的基础上，将所构建的产业集聚区培育形成杭州湾地区城镇集合体，优化宁波市都市圈建设。②象山港与杭州湾海洋产业发展方向存在差异，宁波港在象山港地区设有分港区，象山港与宁波港口经济核心区的联系较为紧密。象山港海洋产业发展可采用两条发展方向并行的方式。一方面依托与宁波港口经济核心区的空间临近性，承接核心港口产业发展，发展象山港临港产业。另一方面依据象山港海洋生态环境的优化进展，发展现代海洋渔业以及海洋服务业。象山港发展必须依托地区传统产业基础，充分发掘地区生态利用潜力，产业发展主线较为明确。③三门湾地区开发程度较低，加上其土地开发必须兼顾宁波市耕地占补平衡功能，其产业发展落后于杭州湾、象山港地区。但其岸线耕地开发方向以生态资源开发为主，在保持三门湾生态效益的基础上，开发新增土地，构建相关海洋经济体系，成为三门湾的发展原则。

表 9-4　宁波湾区产业发展优劣势

地区	优势	劣势
杭州湾	已形成一定产业体系基础 土地开发及性质转化能力强 对外经济联系性强	港口经济核心区联系度低
象山港	具备发展现代海洋服务产业潜力 港口经济核心区空间临近性 土地开发及类别整合成本较低	海洋经济产业发展生态因素制约 现代海洋服务业发展基础薄弱
三门湾	土地资源储备充足 土地开发及类别整合成本较低	专项规划体系不完整 海洋产业体系基础薄弱 边界开发协商机制的缺乏

2. 宁波杭州湾、象山港湾、三门湾区域的经济发展劣势

（1）产业发展基础相对薄弱。

相比宁波港口核心区产业发展，宁波湾区海洋产业发展相对滞后，虽然近年来各级政府逐步重视湾区经济建设，但其产业基础构建尚未完成，产业体系有待优化升级。宁波湾区产业发展方向相对明确，土地资源开发条件相对良好，外部开发条件优越性决定了湾区经济发展潜力，但其薄弱产业基础制约了湾区后续发展。探究其主要原因是开发资金压力、社会经济与生态效益兼顾原则、湾区传统产业转型等方面的考验。各湾区海洋产业发展存在差异性，杭州湾地区产业基础发展状况良好，基本按照杭州湾地区相关规划要求，进行专项产业规划布局；但其产业集聚区建设仍处于建设发展初期阶段，产业对外联系以及产业体系抗风险能力较为薄弱。象山港未来产业以海洋渔业和现代海洋服务业为主，但其发展基础的生态条件有待优化，依托象山港生态环境现状，相关产业进一步的发展推进阻力较大。三门湾地区海洋产业发展基础最为薄弱，海洋产业发展程度仍处于基础条件培育阶段。

（2）产业规划体系不够完善。

通过归纳总结各级政府规划文本发布时间及文本内容，结果表明宁波湾区海洋产业专项规划编制时间相对较晚，各湾区间的重视程度具有差异性。杭州湾地区专项规划是省域层面专项规划文本，规划内容既包括了产业发展规划，也编制了地区城镇体系规划。象山港地区发展主要集中于市域层面，从产业发展、环保层面给予指导；其专项规划基本以国家层面规划文本为准则来具体编制象山港地区海洋产业发展规划。三门湾地区规划体系相对较欠缺，市域层面仅出台了一部专项规划，具体规划来源于三门湾地区县域城镇发展规划的规划细则。总体来看，湾区产业专项规划相对较少，其规划体系内容基本以国家层面规划文本为准则，具体编制海洋产业发展。具体发展路径以及湾区经济发展与城镇建设关联发展规划相对欠缺，湾区规划体系构建尚不完整，专项规划有待补充优化。

（3）与经济发展重心的偏离性。

宁波湾区现阶段面临最大问题在于湾区海洋产业与宁波港口经济核心区关联性弱问题，尤其随着宁波与舟山港口的关联发展，海洋经济发展重心的北移将进一步增加湾区海洋产业发展难度。尤其是三门湾地区，位于宁波市南部，处于宁波低交通密度地区，海洋产业联系能力较差，产业基础构建难度及外部扶持难度较大。象山港、杭州湾地区同样面临产业重心北移的问题。

杭州湾地区必须加强产业园区与宁波港口的交通物流联系通道，保持其外向联系能力。象山港随着发展重心北移将面临舟山等北部海洋产业发展定位类似地区的竞争，其现代海洋服务业发展面临较大的外部竞争压力。总体来看，湾区海洋产业发展必须考虑海洋经济发展重心迁移的事实以及对湾区开发造成的外部影响。湾区普遍受到海洋经济发展重心北移的影响，体现在湾区与核心区的关联性强弱程度，具体表现在产业物流运输状况、核心地区海洋经济产业辐射能力和地区产业交流等层面。

9.5.2 宁波湾区经济发展路径构建

1. 以产业群集、生态效益兼顾发展为抓手

宁波湾区海洋产业发展的重要前提是必须考虑各级政府所制定的区域发展规划。湾区海洋产业在构建产业基础、争取经济效益的同时兼顾到产业发展对湾区生态的损益程度。宁波湾区在进一步开发自然资源的同时，应充分考虑湾区生态环境对于区域的正外部性影响。湾区开发的重要前提是以经济生态效益兼顾发展为抓手，树立科学发展理念，统筹湾区海洋产业基础的构建手段。象山港、三门湾地区在规划中被规划为宁波南部城市生态环境保护区域，杭州湾地区海洋经济后续发展过程中，应该重点关注产业发展过程对湾区生态环境产生的影响。相关产业开发以生态损益为考虑前提，注重以产业效益的提高与湾区生态修复关联互动为关键点。

2. 提升资源开发效率，培育产业创新机制

现阶段宁波湾区经济发展处于基础建设阶段，湾区产业体系面临部分产业的转型与重构。湾区自然资源较为丰富，岸线资源、土地资源、劳动力资源、生态资源都成为湾区产业构建的优势条件。随着宁波海洋产业重心北移趋势愈加明显，南部湾区建设发展，必须利用好这些优势资源，提升资源开发效率，促进宁波南部海洋产业体系的构建与完善，并形成相应特色海洋产业，增强地区海洋经济外向竞争力。另外湾区海洋产业中部分产业是技术密集型、资金密集型企业，在利用良好的资源条件促进企业发展基础上，重点培育产业创新机制。例如杭州湾地区在利用土地资源开发优势、开辟高新技术产业集聚区的基础上，加强园区外向技术联系能力。象山港、三门湾地区可利用优越的生态资源，因地制宜，推动地区原有产业向海洋产业转型，吸引创新型人才。

3. 湾区分层次联动发展，构建分级产业发展体系

分析宁波湾区的海洋经济发展发现，湾区经济发展仍处于发展初期阶段，且湾区间存在发展差异性，其发展优劣势具有一定专项性、特殊性。鉴于宁波海洋产业发展趋势，湾区发展适宜采用分层联动发展路径，构建分级产业发展体系（图 9-4）。杭州湾地区海洋产业发展程度相对较高，已基本形成特色海洋产业基础，其外向联动发展能力较强，应开始加强产业集聚区向城镇发展的基础构建。象山港与三门湾地区海洋产业发展更加适宜该发展路径，三门湾产业发展程度相对较低，且与宁波海洋产业发展核心区的联系较弱，采用培育象山港海洋产业联动点的形式，构建三门湾地区与宁波海洋产业核心区的联系。通过分级联动发展的形式，构建宁波地区海洋产业发展的南北联动发展格局。分级发展形式既考虑到宁波海洋产业经济发展趋势现实，又兼顾湾区发展特性，能够有效推动宁波湾区产业的发展以及后续产业结构的优化调整。

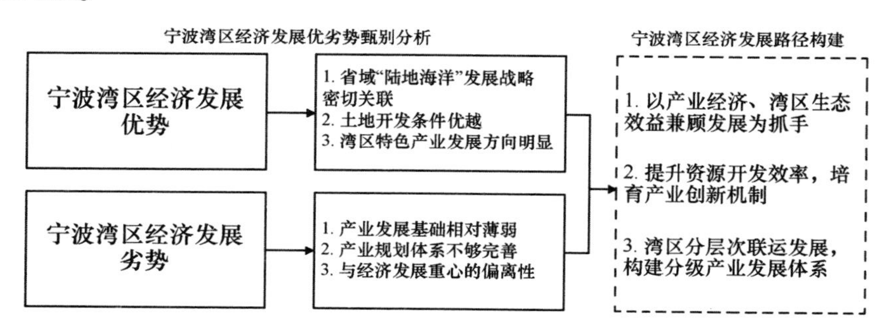

图 9-4　宁波湾区产业发展路径

10 宁波湾区经济发展的战略关键与战略重点

浙江是海洋资源大省，海岸线 6 696 千米，面积 500 平方米以上的海岛 2 878 个，均居全国首位。滨海旅游资源丰富，港口条件良好，发展湾区经济具有得天独厚的资源禀赋、区位优势和自然基础。在“十三五”规划中，首次提出“要大力发展湾区经济，统筹加强杭州湾、象山湾、三门湾、台州湾、乐清湾、瓯江口等湾区保护和开发，打造陆海统筹发展的战略基地和海洋经济发展新增长极”。而宁波湾区包含了杭州湾、象山湾和三门湾，是规划的重点区域，因此需要更加关注和落实相应的经济发展策略，实现湾区的全面发展。宁波打造“海洋经济圈”、重塑城市竞争新优势的呼应，更是新常态下国家宏观战略的重要实施。但就目前而言，宁波湾区经济建设中尚存在一系列令人深思的问题，其本质原因在于开发理念的陈旧、不科学，因此对湾区经济建设理念的创新研究极为重要。

10.1 宁波湾区经济的发展理念创新

10.1.1 产业技术创新

21 世纪的创新出现了一些新的变化，竞争已从单个企业之争演变为供应链之争，继而演变为创新生态系统之争。产业长期竞争优势的保持，需要超越产业自身的视角，关注于整个产业创新生态系统的协同演进。湾区经济的发展更是如此，产业技术的创新对经济效率的提高具有重要影响。众所周知，湾区经济是港口城市圈与湾区独特地理形态相结合聚变而成的一种独特的经济形态，它的发展对资源具有较强的依赖性。21 世纪初，国际上许多先进湾区早已摆脱“工业经济”阶段，转而提升产业技术，以期早日迈入“创新经济”阶段。如旧金山湾区，在 20 世纪 50 年代后随着硅谷高新技术群的快速发展才逐渐形成，继而发展成为国际著名湾区。有这样的典型例子，宁波湾区经济应当适时采取适当措施，帮助企业实现技术的创新。

10.1.2 集群政策创新

在经济全球化和地方化交互作用的背景下，广泛分布于世界各地的产业集群日益进入人们的视野，并成为各界关注的热点。产业集群在经济发展中扮演着越来越重要的角色，充分发挥地方化和根植性的优势，已成为提升区域竞争力的动力系统和推动各地繁荣的创新源泉。在推进区域产业企业发展的大背景下，如何使区域内产业集群迸发出新的活力，实现经济效益的最大化，在湾区这样一个特定地理区位下显得十分重要，同时产业集群政策的实施与否对区域内企业的创新发展程度也具有相当重要的作用。

10.1.3 区域协调利于创新

20 世纪 90 年代以来，中国区域间出现经济增长失衡、资源配置不合理、收入差距拉大、利益冲突增加、环境污染严重等一系列问题，区域经济协调发展问题日益成为经济、社会、政治、生活中的焦点和热点。这些经济与社会、地区与地区、人与自然之间的问题，越来越制约着中国经济社会的可持续发展。大到国家层面，小至一个区域都会出现发展不平衡的问题。在湾区经济发展过程中，也存在不同区域发展不平衡以及区域之间的协调发展问题，例如在宁波湾区经济发展中，就存在着三个湾区内部之间、湾区与主城区之间、各湾区内部村镇之间等区域发展平衡问题，所以应当从该角度展开思考，效仿其他地区的成功方法，适当开展小区域内部协调创新体系建设，从而推动区域间的平衡发展。

10.2 宁波湾区经济的发展模式优化

10.2.1 宁波湾区发展现状及定位

1. 三门湾区域

三门湾跨台州、宁波两市，由三门、宁海、象山三县围合而成，陆域面积 4 297 平方千米，海域面积 6 094 平方千米，是浙江省四大海湾之一。该区域是浙江省尚未充分开发的半岛型港湾，具有独特的优势和巨大的潜力，加快该区域统筹开发建设，对于实施海洋强国战略和浙江省海洋发展战略都具有十分重要的意义。

三门湾的发展定位为：“生态港湾，产业蓝海，宜居新城”，形成“一节点二高地五区”的海湾城镇集群。“一节点”，为浙江沿海南北两翼新节点；“二高地”分别指海洋新型产业集聚高地和滨海新区建设高地；“五区”分别为浙江省海洋经济重点发展区、浙江省新型城市化实验区、浙江省区域合作示范区、浙江省海湾综合保护与开发先行区、海湾型宜居新城区。

2. 杭州湾南岸区域

杭州湾新区位于浙江省宁波市北部，宁波杭州湾跨海大桥南岸，居于上海、宁波、杭州、苏州等大都市的几何中心，是宁波接轨大上海、融入长三角的门户地区。全区规划陆域面积 353 平方千米，海域面积 350 平方千米，现辖 1 个镇，拥有常住人口 17.7 万余人。2014 年，杭州湾新区实现地区生产总值 231 亿元，同比增长 38.7%；完成全社会固定资产投资 302.1 亿元，同比增长 29.3%；完成工业总产值 1 058 亿元，同比增长 32.5%；实现财政总收入 65.3 亿元，同比增长 58.1%，保持着高水平的增长势头，经济总量已经达到全国百强县水平，区域新兴增长极的作用开始逐步发挥。2016 年以来，杭州湾新区着重打造汽车产业，实现产值近 400 亿元，新材料、智能电气、高端装备三大新兴产业之和占工业经济总量的 1/4 左右。

2015 年，宁波杭州湾新区提出了“一城四区”的“十三五”发展目标，“一城”即宁波杭州湾国际化滨海名城，“四区”即先进制造集聚区、科技创新试验区、健康休闲生态区、产城人融合示范区。围绕“一城四区”，宁波杭州湾新区提出了以先进制造业为支柱、以现代服务业为支撑、以现代农业为基础的“6+4”产业新体系。“6”即六大先进制造业（汽车产业、通用航空产业、智能电器制造业、新材料产业、生命健康产业、高端装备制造业），“4”即四大现代服务业（旅游休闲业、体育产业、专业服务业、新型金融业）。

3. 象山港区域

象山港位于宁波市东南部穿山半岛和象山半岛之间，是一个相对独立的经济地理单元，属自东北向西南深入内陆的狭长半封闭海湾，资源丰富，横跨北仑、鄞州、奉化、宁海、象山等五个县（市）区，包括 23 个乡镇（街道），陆域面积 1 775.83 平方千米，海域面积 920.87 平方千米，滩涂面积 171 平方千米。

如表 10-1 所示，浙江省相关规划中已经对象山港发展有了较完备的定位和较明确的发展方向，不同专业部门针对象山港发展的各个方面做出了相关的发展措施与实际规划，但存在以下问题：①各个层面的规划都从各自角度出发对象山港区域提出了发展与保护的要求和建议，相互之间没有呼应形成体系，各个规划间形成了设计的重叠和矛盾；②对象山港区域的自身资源和现有问题考虑不足，并没有充分从海洋生态角度出发考虑区域的未来发展，尤其是海洋动力等方面；③对象山港区域的生态价值探讨不够，保护效力不够充分完善，对可开发可保护地区的处理态度模糊；④没有明确划定整个象山港地区的保护标准和范围，也没有具体针对于象山港区域关于生态和风貌的规划。因此，需要一个完备且适合象山港实际情况的专项规划，统一囊括象山港未来发展的各方面，有针对性地对象山港发展问题提出改善途径与解决措施，以实现象山港的全面可持续发展。

表 10-1　象山港部分相关规划定位

相关规划	定位目标
舟山港总体规划	宁波—舟山港将形成“一港十九区”的港口总体布局；象山港作为港区之一，规划以岸线资源的控制为主，主导渔业资源利用和养护区及海洋旅游区功能，兼顾港口航运功能。
宁波市海洋功能区划	象山港具有开发大中泊位潜力，具备发展远洋和近海运输深水港的优越条件，是北仑港的重要后续开发基地。在象山港口部重点区划港口和航道，保证梅山岛开发，兼顾渔港建设，保障渔业资源洄流繁育；在象山港中底部重点区划海洋渔业和海洋旅游，兼顾重要渔业品种保护和现有港口，保障军事用海和电厂用海。
象山港区域保护与利用规划纲要（2012—2030）	将象山港区域建设成为生态环境良好、主导功能合理、产业特色鲜明、人与自然和谐的全国著名蓝色生态休闲港湾；立足保护为本，推进转型发展；立足资源整合，推进特色发展；立足统筹协调，推进有序发展；立足体制保障，推进创新发展。
浙江省海洋功能区划	象山港海域主要为生态保护等基本功能，兼具海洋渔业、海洋旅游和临港产业等功能。严格保护象山港蓝点马鲛，象山港海岸湿地为海洋保护区；北仑、鄞奉、强蛟为港口航运区；鄞州西店、西沪港底部为工业与城镇用海区；梅山、象山港为旅游休闲娱乐区。

10.2.2 宁波湾区发展模式优化

1. 突破发展惯性

发展惯性多指企业发展过程在原有经济体制下发展起来的、其发展模式已形成一定特征的惯性，在经济学里解释经济增长惯性为一个国家或一个经济体保持其原有增长形态和增长特征，并难以在短时间内发生转变的性质，在对资源依赖性较强的区域体现尤为明显，湾区更是如此。在宁波湾区中的部分地区由于发展上过度依赖于现有资源，难以调整原有的发展模式和形式，这就导致在产业调整和产业技术革新时出现适应慢等问题，表现为产业结构单一化、科技创新与人力资本挤出、经济增长方式粗放等发展难题。因此为了发展创新型湾区，需要政府、企业等加大科技投入供给，更重要的是在产业转型、资源利用方式转变、生态环境治理等多方面坚持创新导向，培育现代企业，从而使区域内原有经济模式的发展惯性减小甚至消失。

2. 突破产业升级与转型的人才、技术瓶颈

产业转型是产业发展的一项重要战略。产业转型不仅表现为不同产业之间的结构转换（如主导产业的更迭），也表现为某一产业内部的转型升级。当外部环境发生较大变化，产业内部资源配置不合理，导致产业发展遇到多重约束时，必须通过产业转型，解决产业自身素质与内外部环境之间的矛盾，以更好地促进产业的长远发展。湾区经济的现有主导产业类型有科技创新导向型、海洋产业导向型、滨海旅游与运输导向型、临港海洋制造导向型，其中最为先进的为科技创新导向型。宁波湾区仍然以工业产业为主，第一产业也占据了较大比重，因此在产业的升级与突破上需要加以重视，大力培育科技型企业，引进创新型人才，调整产业结构比例，以早日迈入科技创新导向型的发展模式之中。

3. 加强宁波产业科教融合创新

宁波湾区在主导产业上表现出的与发达湾区的差距，原因更多的在于区域内科技创新型元素太少，区域内的发展依赖于原有的工业企业和海洋农业。创新元素存在较多的缺失，限制了区域的进一步发展。因此在创新元素的提炼上需要政府决策者加以重视，而影响创新的主要元素有：人才、信息、技术和资金。相关决策者应当积极采取措施，使得这些创新元素得到最佳配合，并提炼出具有宁波湾区特色的创新点。可通过构建区域创新网络、促进技术创新的作用，以企业作为创新的主体，以创新过程中的纵向联系和横向联系形成网络结构。

10.3 湾区经济发展的政策体系创新

10.3.1 产业负面清单管理

继上海自贸区推出负面清单后，全国各地也纷纷推出产业负面清单，明确各行各业限制、禁止实施的项目，重在“压和减”，具有约束性、强制性，旨在推进产业结构调整，可以说产业负面清单是经济转型的风向标。将“负面清单”管理视为当前改变政府履行职能方式的重大举措来看待，其意义绝不限于一城一池，而是具有全局性的制度变革。所谓负面清单管理，是指政府列出禁止和限制进入的行业、领域、业务等清单，清单之外的领域都可以自由进入，即所谓“法无禁止即可为”。湾区经济作为新兴发展的经济体和发展模式，在产业构成上较为复杂，不同发展模式下的湾区产业构成比例不同。就宁波湾区而言，2010—2017年存在着产业结构比例不合理，例如三门湾区和象山港区的工业比重较大，沿岸遍布了大量经济开发区、石化园区，湾区内工业废水、废气的排放对海洋生态环境造成了严重破坏。因此为了实现湾区内经济又好又快的发展，同时对环境的影响降到最低，需对产业的发展规划作出适时规划和调整，设立产业负面清单并加以管理是一个极其新颖又有效的途径。

此外，需注意的是，负面清单在中国还是一个新事物，在体制、政策和方法上还有一个学习、适应和调整的过程。因此，在建立湾区产业负面清单管理机制时，不能一味排斥低端产业，也不能一味迎合高端产业，片面追求“高精尖”势必会导致区域发展的业态失衡。最重要的一点在于产业转移必须由政府行政力量推动，因此政府作为产业发展的重要推动者，应当结合企业共同把湾区经济发展环境创造好，让土地、技术、资本的活力创造出更多的价值。

10.3.2 土地利用政策

如前文所述，宁波湾区虽有产业支持，但结构单一，需要大力发展多元化产业体系，这就需要高效、有力的土地差别化供应政策支持，因此需要加强湾区的土地利用政策创新，为区域的发展开拓新的制度空间。在综合湾区的土地利用政策现状的基础上，提出以下创新思路：

（1）在提高利用效率基础上重点保障基础产业发展的土地需求。湾区土地面积小，形态复杂，功能不合理，土地质量一般，对于不同的产业和地区而言，首先需要做的就是稳定区域产业的整体发展，在满足湾区内基础产业发展对于土地利用需求的同时，进一步开发剩余土地的利用方向和价值，并做好土地利用总体规划修编与城镇规划及各专项规划的有效衔接。

（2）市场效率和社会效率是政策制定面对的两难问题。在现有制度不能实现社会效率改进的情况下，要大胆进行土地利用政策的创新，更多地从社会效率来考虑制度的设计，将广大集体经济组织、农村集体建设用地入市问题纳入思考。

（3）对生态用地实行特殊倾斜政策促进生态转型。宁波湾区的经济发展很大程度上依赖于区域内工业的发展，产生了较多的环境问题，因此需要结合实际情况，严格规范区域生态用地面积比例，力促生态转型，同时规范区域土地空间用途管制，确保资源的开发不影响湾区整体环境，确保不再产生新的环境问题。

10.3.3　环境管控政策

全国部分地区因自然资源开采所形成的资源环境问题而引发的集体性上访冲突、抗争事件频发，这都与地方政府行政管控和利益管控不当有关。其根源在于政府资源环境管控的角色杂糅、寡头式管控、惯性管理思维与能力困境、政出多门等因素影响。湾区的资源环境问题虽不如这些地区严重，但由于部分区域长期发展工业，导致湾区内已出现了不少环境问题。湾区政府应当基于资源环境的公共性及管控中民众的参与性，重点突破冲突管理的政府单一性思维，形成冲突的多元治理结构，具体表现为权力管控的多主体参与、资源环境利益共享及政府职能界定等治理转向。

10.3.4　技术创新孵化政策

加强区域产业技术创新能力是调整产业结构的重要路径之一。技术创新孵化园作为连接知识创新的源头和高新技术产业的桥梁，为企业自主创新能力建设和高科技产业发展发挥着巨大的推动作用。通过为创新企业或企业家提供一个孵化平台，可以将知识创新转化为现实的生产力，通过为科技型中小企业提供咨询和后勤保障服务，可以使这些企业产生集聚效益，以形成高新技术产业化。而在中国，大多数技术创新孵化器都是由政府领导和管理，因此政府政策如何制定及其实施的好坏对企业创新能力的建设及其有效产出有很大影响，进而左右区域的产业结构优化进程。宁波湾区经历了前工业阶段，目前正在朝创新经济阶段转型，因此需要政府积极推行有力的区域产业创新政策，助推湾区经济的进一步提升。

10.4 湾区经济发展的空间结构协调

地区发展差异历来是区域经济学实证研究的核心问题之一，如中国的西部不发达省市与东部沿海省市的经济发展差距问题，引起了社会各界的长期关注。其实大至国家层面，小至某一区域，都存在着空间发展差异问题。宁波湾区同样如此，如图 10-1 所示，三门湾、杭州湾、象山港这三片之间、三片与宁波市区之间以及湾区各片内部乡镇之间也存在发展差异。

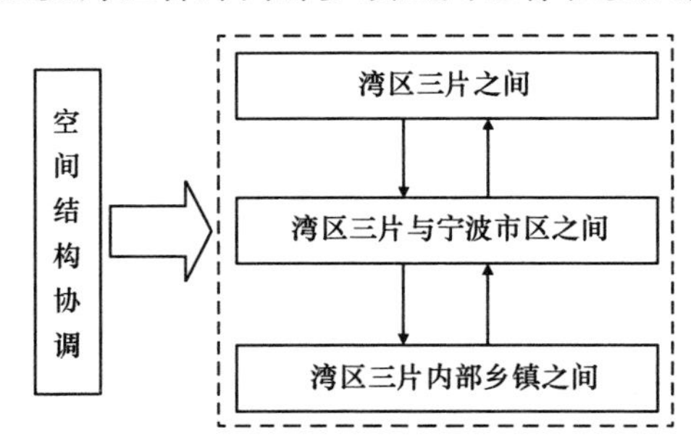

图 10-1 宁波湾区空间发展差异

首先，杭州湾、象山港和三门湾都跨越了不同的行政区域，杭州湾涉及杭州、嘉兴、绍兴、宁波，象山港区域涉及宁波市内的五个县（市、区），三门湾区域涉及宁波、台州两市三县，各行政区都拥有自己的开发建设目标和诉求，除象山港区域需要与宁波市加强统筹协调外，杭州湾、三门湾区域均需要省级层面进行统筹协调，当前的“两湾一港”区域在产业布局、港口建设、旅游开发、生态保护等方面的统筹力度不强，各区域发展程度参差不齐，一些区块存在着定位不明、特色不足、功能雷同等问题，在发展上错位现象较为突出。

其次，湾区与宁波市区之间的发展差异，除象山港之外，杭州湾、三门湾涉及其他县市区，因此在发展规划的制定和实施过程中无法与宁波市区做到统一，虽然交通线路等基础设施的投资建设加强了湾区与市区的联系，但在经济发展上，宁波市区仍然要高于湾区的经济发展水平，湾区经济的发展受到资源、市场、交通等因素的约束较大，所以在发展上与市区经济相比仍然较慢，但随着海洋战略实施以及湾区经济规划的出台，湾区经济增速日益提升，并大幅超过宁波市区，且未来发展中仍有较大的上升空间，前景良好。

在湾区内部也存在着较为明显的发展差异，以三门湾为例，受交通、行政界限分割，三县之间联系不够紧密，因此在发展上也存在较明显的差异。湾区各自内部之间的发展需要结合三片区的未来发展方向定位，例如象山湾积极培育科技创新产业，三门湾重点发展特色小镇，杭州湾新区注重发展高端制造业。湾区积极落实好各自的发展重点，健全规划，强化平台建设，引进创新型高端业态产业，加速产城融合，提升区域品质，保证三片区在空间上错位协调发展。

10.5　宁波湾区经济发展规划的政策建议

宁波滨海地带包括杭州湾新区、慈溪市、镇海区、北仑区、象山县、鄞州区、宁海县的部分街道及乡镇，形成了杭州湾、象山港湾和三门湾产业、人口密集区，战略地位十分重要。宁波湾区土地开发利用潜力巨大，科学、高效地开发利用滨海地带土地资源，对于缓解土地资源约束、促进宁波经济可持续发展具有重要意义。因此，重视滨海地带开发、重视海洋经济发展也就成为宁波城市发展必须重视的问题。

10.5.1　宁波杭州湾、象山港、三门湾的功能定位

综合宁波湾区各片区资源环境基础、产业现状及与中心城区的联系，建议杭州湾构筑智能制造示范基地和创新中心、象山港践行滨海旅游与国际海洋科创中心愿景、三门湾构建特色小镇引领海洋牧场与海洋现代服务业集聚区。

10.5.2　湾区的发展重点

宁波国际港口城市有赖于密切的区际产业联系。从强化中心与滨海地区之间合作的要求出发，应该借助宁波智能制造示范城市和国际港口城市建设的契机，形成以北仑国际航运“后台”高端科技服务为核心，杭州湾制造、

三门湾特色小镇为两翼的宁波湾区海洋产业新格局。宁波应该发挥高新技术产业优势，加大对中心城区与湾区海洋产业的协调联动力度，打造宁波滨海地带一体化的海洋产业链和产业集群。

从宁波滨海地带的主导产业看，杭州湾应以汽车制造、电器与新材料为重点；象山港湾应以国际贸易、滨海旅游以及海洋技术研发为重点；三门湾应以智能制造、通用航空高新技术为主导特色小镇为重点，共同构建具有可持续发展能力和国际竞争力的现代产业体系，为宁波国际港口城市建设目标的实现提供强有力的产业支撑。

10.5.3 行动指南

1. 建成以中心城区与湾区新城联合体为中心的宁波湾区城镇体系

市郊新城在宁波滨海地带城镇体系中应发挥核心作用。根据《宁波市城市规划（2015—2020）》与宁波2049战略，从发挥规模集聚效应、体现合理分工、建立健全多层多级的城镇体系等原则出发，宁波滨海地带新城应该属于下列三个不同层次：第一层次包括杭州湾新区和北仑新城；第二层次为特色小镇；第三层次为古镇名村。建议建设服务滨海地带内部各城镇之间联系的滨海大道，同时还可以增加滨海观光功能。

2. 建设以轨道交通与湿地碳汇库为核心的保障体系

在开发蓝色国土的过程中，应避免土地资源的盲目与过度开发，慎重对待宁波滨海区域的滩涂、湿地以及围垦用地。建议按照农用地（40%）、建设用地（20%）以及生态用地（40%）的用地比例，对宁波湾区进行低强度的适度开发，确保滨海地带的湿地碳汇功能。同时，秉承交通先行的建议原则，优先建设以滨海湾区与市区联系的轨道线路、贯穿滨海地带的滨海大道为主干的宁波滨海智慧交通网络。

3. 面向多规合一构筑协调有序的海湾规划管理

由于宁波湾区的开发涉及海洋局、国土/规划局、环保局、交委、农委等政府管理部门，建议建立相关部门协作互动的新机制。国土/规划局负责滨海地带陆域的规划与管理，海洋局负责岸线与海洋资源规划与管理，环保局负责环境质量的监测与污染控制，市交委负责交通设施的建设与管理，农委负责耕地的管理，只有五部门团结合作，才能实现宁波滨海地带的科学规划与有效管理。

11　支撑宁波 2049 愿景的海岸带与湾区治理方略

海岸带既是陆地向海洋延伸的陆海相互作用最强烈的地带，又是复杂、动态的地球表层自然系统，也是高强度人类活动和全球气候变化双重影响下的空间单元。全球变化影响和人类活动压力下海岸带陆海相互作用与可持续发展的研究已超越传统地理学和海洋学的范畴，基于海岸带自然与人文因素综合性评估，探索性地提出宁波海岸带与湾区经济发展的地域功能及其空间治理，有利于提升宁波海岸带、湾区经济的陆海统筹和可持续发展水平，有助于科学地认识宁波海岸带与湾区经济成长规律，支撑宁波 2049 愿景的践行。

11.1　面向城市愿景的宁波海岸海湾空间治理方向

改革开放以来，宁波市共开展三次城市总体规划编制工作，分别于 1986 年、1999 年、2006 年三次经国务院批准，对指导城市发展具有重大历史意义。1986 版城市总体规划，提出了宁波老市区、镇海发展区和北仑开发区的三片区发展模式。1999 版城市总体规划，明确了我国东南沿海重要港口城市、长江三角洲南翼经济中心、国家历史文化名城的城市性质，至今未变。2006 版城市总体规划，在浙江省加快城市化进程，大小洋山港、杭州湾跨海大桥等重大基础设施建设的背景下开展。

随着中央新型城镇化工作的推进，国家“一带一路”、长江经济带和海洋经济等战略的实施，宁波市积极建设“名城名都”努力提升城市综合实力和区域竞争力。与此同时，中心城区现状人口与用地规模均已突破 2006 版总规的远期目标。面对新形势、新任务、新需要，宁波市委市政府在 2015 年启动了对 2006 版总规的修改，提出“定底线、调结构、强统筹、保民生”的修改目标和任务，2017 年宁波市政府开启 2049 发展战略研究。

未来，宁波既要着力推进“建设国际港口名城，打造东方文明之都”的目标，又要提升城市宜居、宜业、宜游之于普通百姓获得感和福祉分享水平。海岸带与湾区经济是宁波经济社会转型发展的重要战略空间，又是宁波落实国家战略的主体阵地。海岸带与湾区的可持续发展，亟待突破如下困境：

一是空间管制能力增强行动。健全与整合市域海岸带、湾区、海域和陆域的空间规划体系，研制市域陆海空间规划一张蓝图，完善规划引导项目布局的管理制度，建立空间规划编制管理办法，规划协调的法律制度。推进部门协同的空间管理机制，探索统一的空间管理体制，增强市域海岸海洋的空间管制能力。

二是海岸海湾生态环境质量改善行动。以改善海岸海湾生态环境质量、推动蓝色经济的绿色发展为根本目标，以机制改革、制度创新、模式探索为行动重点，从源头上控制污染，完善陆源污染防治、海域环境和跨界海域治理机制，建立陆海统筹的海岸海洋污染防治机制和重点污染物排海总量控制制度。科学建立网格化海岸海洋环境监管体系，形成相关部门各负其责、全社会广泛参与的生态环境监管体系。

三是市场作用力度的提升行动。以海岸海洋资源环境市场主体和市场机制建设为重点，通过协调推进海岸海洋资源资产确权登记，加快建设基于地理信息系统的海岸资源环境产品交易和投融资主体审批系统；按照价格调节供需或生态补偿机制思路，加快海岸海洋资源性产品价格改革，完善排污权交易体系、海域有偿使用制度、海洋生态补偿制度，在海岸海洋资源环境市场体系建设中实现率先突破，提升体制机制改革的市场贡献力度。

11.2 面向不确定性的宁波海岸海湾利用响应重点

经济全球化进程，加速了全球沿海城市和地区之间经济增长和繁荣的网络化。网络化的全球经济发展面临着文明冲突、经济结构惯性、生态环境脆弱性、科技创新周期性等诸多方面综合作用。由此，沿海城市与地区发展产生了复杂性、不确定性。作为全球变化和人类活动双重驱动的海岸带与海湾城镇、产业、居住环境，精确预测其发展是不可能的，未来的不确定性成为沿海城市与区域发展的挑战之一。为此，宁波海岸海湾海洋利用应侧重如下三方面积极响应：

一是认清宁波海岸海湾及其周边区域开发利用存在问题。对于未来不确定性下的宁波海岸海湾发展战略和发展目标的阶段性、区际趋同性的风险等问题的理解，要立足现实进行渐进性修正，明晰海岸海湾当前所处发展阶段与发展瓶颈。

二是提高宁波海岸海洋生态—生产—生活空间的协调和应对的能力。在长远发展目标和挑战的前提下，能否以“三生空间”的结构与能效提高海岸海湾地区对未来不确定性取决于“三生空间”适应能力的高低。因此要为宁波海岸海湾未来发展留有足够的发展空间和余地，增强区域“三生空间”弹性和活力。

三是坚持宁波海岸海湾的基准发展路径。生态环境良好、文化底蕴丰厚等突出的城市最终都将获得经济社会收益与价值，以稳定的海岸海湾基准发展路径来应对未来不确定性将是一种最优策略。对于宁波海岸海湾而言，其最重要的资源是岸线、港口和“宁波帮”精神，为此应该坚定不移地去保护优良的岸线、港口，彰显与传承海洋文明主导的创新创业、勇闯世界的文化品质。持之以恒地建设稳定平和的社会氛围，为本地市民的宜居、宜业、宜游提供保障。

11.3　面向本土居民的宁波海岸海湾品质塑造路径

海岸海湾的资源环境条件及其组合，决定了城市与区域海洋经济活动开展的“可能性”。对于宁波而言，海岸海湾利用还受宁波—舟山港腹地的人地关系、海向跨界治理等因素的作用，这类因素促成的自组织作用对于宁波海岸海湾发展往往更具“决定性”，驱动着宁波海岸海湾利用的持续演替。宁波靠山濒海，地理区位资源得天独厚，但与国内外著名海湾型城市相比，仍有不小差距。城乡发展与规划需要高起点，需借鉴国际先进经验，建设一座符合宁波人文特色、体现高品位、高档次的国际海湾型城市，从而提高宁波在全国乃至全球的竞争力、辐射力与影响力。

一是确定岸线多功能性构建多目标适宜性海岸海湾空间规划体系。综合考虑生态红线、休闲旅游、农渔业生产以及港口—工业—城镇开发的多功能土地利用需求，确定岸线多目标适宜性空间管制，引导海岸海湾人类活动塑造“理想图景”。首先强调多功能与多目标的价值导向“融入”海岸海湾地区部门规划之中，“融合”后的空间规划既符合适宜性的导向，又与部门规划“无缝对接”。通过部门规划的实施，明确开发与保护活动执行主体，建立有效行动体系，全面提升宁波海岸海湾综合治理水平。

二是以生态空间的节律性引导生产、生活空间的向海发展结构与轴网。充分对接市域主体功能区规划，彰显城市特色空间资源——山水格局、历史文化廊道、现代都市风貌区块，构筑宁波市“三江口—东钱湖—梅山岛（春晓）”发展轴，致力发展适宜人类居住、生态条件优越、区位优势得天独厚的象山港湾南北两岸宜居宜游区，使宁波成长为U字型海湾城市。

三是发力“三湾联动”的前瞻性引导作用。宁波从“三江口时代”迈向“海湾时代”的城市规划和建设时，要善于科学制定城市规划，实施“三湾联动”的城市发展战略。首先，全域统筹城市的海陆资源，突破北仑、鄞州、奉化、象山、宁海等各区（县）行政界线，构建陆海一体的生态保护、产业发展、重大基础设施布局新格局。其次，通过骨干复合交通廊道，聚集信息流、物流和人流，推进宁波城市“产城融合发展轴”和“生活发展轴”及象山港湾南北两岸梅山、春晓、咸祥、裘村、西周、贤庠等特色小城镇向纵深拓建。最后，推动宁波海湾、海港、海岛联动，提升基础设施互联、海岸海湾产业结构层级，构筑陆海统筹发展的海上丝绸之路战略支点、港产城融合的战略基地和海洋经济发展国际科教增长极。

参考文献

[1] 李加林，徐谅慧，杨磊，等．浙江省海岸带景观生态风险格局演变研究［J］. 水土保持学报，2016，（1）：293-299.

[2] 李加林，杨晓平．中国海洋文化景观分类及其系统构成分析［J］. 浙江社会科学，2011，（4）：89-94+158.

[3] 李加林，童亿勤，杨晓平，等．杭州湾南岸农业生态系统土壤保持功能及其生态经济价值评估［J］. 水土保持研究，2005，（4）：202-205.

[4] 李加林，童亿勤，许继琴，等．杭州湾南岸生态系统服务功能及其经济价值研究［J］. 地理与地理信息科学，2004，（6）：104-108.

[5] 陈阳，马仁锋，任丽艳，等．海岸带土地发展潜力评价——以杭州湾南岸为例［J］. 海洋学研究，2016，（1）：27-34.

[6] 马仁锋，倪欣欣，张文忠，等．浙江旅游经济时空差异的多尺度研究［J］. 经济地理，2015，（7）：176-182.

[7] 马仁锋．中国长江三角洲城市群创意产业发展趋势及效应分析［J］. 长江流域资源与环境，2014，（1）：1-9.

[8] 马仁锋，李加林，赵建吉，等．中国海洋产业的结构与布局研究展望［J］. 地理研究，2013，（5）：902-914.

[9] 马仁锋，李伟芳，李加林，等．浙江省海洋产业结构差异与优化研究——与沿海10省份及省内市域双尺度分析视角［J］. 资源开发与市场，2013，（2）：187-191.

[10] 孙伟，陈诚．海岸带的空间功能分区与管制方法——以宁波市为例［J］. 地理研究，2013，32（10）：1878-1889.

[11] 李伟芳，陈阳，马仁锋，等．发展潜力视角的海岸带土地利用模式——以杭州湾南岸为例［J］. 地理研究，2016，（6）：1061-1073.

[12] 刘永超，李加林，袁麒翔，等．人类活动对港湾岸线及景观变迁影响的比较研究——以中国象山港与美国坦帕湾为例［J］. 地理学报，2016，（1）：86-103.

[13] 李伟芳，俞腾，李加林，等．海岸带土地利用适宜性评价——以杭州湾南岸为例［J］. 地理研究，2015，35（4）：701-710.

[14] 徐谅慧，李加林，杨磊，等．浙江省大陆岸线资源的适宜性综合评价研究［J］. 中

国土地科学，2015，(4)：49-56.

[15] 曹罗丹，李加林，徐谅慧，等．宁波市洪涝灾害防灾减灾能力初步评估 [J]. 宁波大学学报（理工版），2014，(1)：84-90.

[16] 李加林．浙江省海岛资源开发利用与保护研究——基于海洋经济发展示范区建设视角 [J]. 中共宁波市委党校学报，2013，(2)：73-80.

[17] 马仁锋，李冬玲，李加林，等．浙江省无居民海岛综合开发保护研究 [J]. 世界地理研究，2012，(4)：67-76.

[18] 李加林，朱晓华，张殿发．群组型港口城市用地时空扩展特征及外部形态演变——以宁波为例 [J]. 地理研究，2008，(2)：275-284.

[19] 童亿勤，李加林，李伟芳．宁波市耕地安全问题初探 [J]. 水土保持研究，2007，(6)：206-208.

[20] 李加林，杨晓平，童亿勤．潮滩围垦对海岸环境的影响研究进展 [J]. 地理科学进展，2007，(2)：43-51.

[21] 李加林，许继琴，叶持跃．重点镇建设指标体系研究——以宁波市为例 [J]. 地域研究与开发，2001，(1)：41-45.

[22] 李加林．宁波海洋资源的可持续开发研究 [J]. 国土与自然资源研究，2000，(3)：4-6.

[23] 李加林．河口港城市形态演变的分析研究——兼论宁波城市形态的历史演变及发展 [J]. 人文地理，1998，(2)：54-57.

[24] 晏慧忠，马仁锋，王益澄．宁波市经济发展的环境效应研究 [J]. 世界科技研究与发展，2016，(1)：182-187.

[25] 李加林，马仁锋．中国海洋资源环境与海洋经济研究 40 年发展报告 [M]. 浙江大学出版社，2014.

[26] 李加林．浙江省海岸带土地资源开发与综合管理研究 [M]. 浙江大学出版社，2014.

[27] 张海生．浙江省海洋环境资源基本现状 [M]. 海洋出版社，2013.

[28] 姚炎明，黄秀清．三门湾海洋环境容量及污染物总量控制研究 [M]. 海洋出版社，2015.

[29] 黄秀清，王金辉，蒋晓山．象山港海洋环境容量及污染物总量控制研究 [M]. 海洋出版社，2008.

[30] 王晓玮，赵骞，赵仕兰．海洋环境容量及入海污染物总量控制研究进展 [J]. 海洋环境科学，2012，(5)：765-769.

[31] 《宁波年鉴》编辑部．宁波年鉴．2010-2015 [M]. 中华书局，2010-2015.

[32] 《象山年鉴》编辑部．象山年鉴．2010-2015 [M]. 中华书局，2010-2015.

[33] 《余姚年鉴》编辑部．宁波年鉴．2010-2015 [M]. 中华书局，2010-2015.

[34] 《北仑年鉴》编辑部．宁波年鉴．2010-2015 [M]．中华书局，2010-2015.
[35] 《北仑统计年鉴》编辑部．宁波年鉴．2010-2015 [M]．中华书局，2010-2015.
[36] 《慈溪统计年鉴》编辑部．宁波年鉴．2010-2015 [M]．中华书局，2010-2015.
[37] 《奉化统计年鉴》编辑部．宁波年鉴．2010-2015 [M]．中华书局，2010-2015.
[38] 《鄞州统计年鉴》编辑部．宁波年鉴．2010-2015 [M]．中华书局，2010-2015.
[39] 《宁海统计年鉴》编辑部．宁波年鉴．2010-2015 [M]．中华书局，2010-2015.
[40] 《象山统计年鉴》编辑部．宁波年鉴．2010-2015 [M]．中华书局，2010-2015.
[41] 《余姚统计年鉴》编辑部．宁波年鉴．2010-2015 [M]．中华书局，2010-2015.
[42] 倪敏东，罗明．海陆统筹建设美丽象山港——象山港区域保护利用规划研究 [J]．宁波经济：三江论坛，2015 (1).
[43] 陈云松．南部滨海新区的色彩 [J]．宁波通讯，2016 (10)：72-77.
[44] 宁波杭州湾新区经济发展局．2016 年杭州湾新区发展思路探讨 [J]．宁波经济丛刊，2016 (2)：27-30.
[45] 文超祥，刘圆梦，刘希．海岸带小城镇空间规划及用地分类探讨 [J]．西部人居环境学刊，2017，(3)：1-5.
[46] 张赫，王明竹，贾梦圆．填海造地产业集聚区的海陆共生规划策略——以蓬莱市西海岸海洋产业集聚区规划为例 [J]．规划师，2017，(5)：66-70.
[47] 张大志，孙娜．青岛海岸带规划方案分析与研究 [J]．青岛远洋船员职业学院学报，2017，(1)：43-47.
[48] 文超祥，王丽芸．关于海岸带及海岛小城镇总体规划的探索 [J]．城市规划，2017，(2)：33-38.
[49] 杨丽芳，项汉平．法国阿基坦海岸休闲规划对我国户外休闲运动发展的启示 [J]．武汉体育学院学报，2017，(1)：26-32.
[50] 范小杉，何萍，董敬儒．基于项目可持续发展规划的海岸带生态承载力评价研究进展 [J]．地球科学进展，2017，(1)：90-100.
[51] 文超祥，刘希．海岸带小城镇的海岸线空间规划问题及对策探讨——以福建省为例 [J]．西部人居环境学刊，2016，(4)：63-67.
[52] 吴杨，倪欣欣，马仁锋，等．上海工业旅游资源的空间分布与联动特征 [J]．资源科学，2015，(12)：2362-2370.
[53] 马仁锋，倪欣欣，周国强．中国海洋科技研究动态与前瞻 [J]．世界科技研究与发展，2015，(4)：461-467.
[54] 马仁锋．宁波湾区产业创新发展的困境与破解之策 [J]．宁波经济（三江论坛），2018 (4)：24-27.
[55] 马仁锋，王美，张文忠，等．临港石化集聚对城镇人居环境影响的居民感知——宁波镇海案例 [J]．地理研究，2015，(4)：729-739.

[56] 张维珂，黄文健，禚宝海．青岛西海岸新区休闲体育产业发展路径规划与策略——基于蓝色经济背景 [J]. 当代经济，2014，(23)：37-39.
[57] 马仁锋，张文忠，余建辉，等．中国地理学界人居环境研究回顾与展望 [J]. 地理科学，2014，(12)：1470-1479.
[58] 马仁锋，梁贤军，庄佩君．基于文献计量视角的中国船舶工业及其技术研发动态 [J]. 世界科技研究与发展，2014，(4)：446-452.
[59] 王东宇．新时期我国海岸带规划管制与规划引导探析——以山东省海岸带规划为例 [J]. 规划师，2014，(3)：55-62.
[60] 黄数敏，伍敏，赵进．海口西海岸新区控规中弹性规划编制与研究 [J]. 城市规划学刊，2012，(S1)：138-143.
[61] 元晓鹏，杨中庆．都市滨水地区发展理念及定位研究——以海口西海岸海豚湾都市型人工岛项目概念规划为例 [J]. 港口经济，2012，(6)：8-10.
[62] 蒋金龙，王金坑，傅世锋，等．基于海岸带综合管理的海洋生物多样性保护规划——以泉州湾为例 [J]. 海洋开发与管理，2012，(1)：46-49.
[63] 付静，周厚诚，苏广明，等．广东省海岸保护与利用规划初探——以珠海市为例 [J]. 海洋开发与管理，2010，(01)：69-72.
[64] 陈林生．区域经济发展研究的新兴领域：海岸带规划与管理理论综述 [J]. 理论与改革，2010，(1)：140-142.
[65] 吴俊文，郑崇荣，董炜峰，等．海洋功能区划与海岸带综合利用和保护规划的协同效应 [J]. 国土与自然资源研究，2009，(1)：6-7.
[66] 张文香．黄金海岸旅游度假区空间形态研究——“反规划”理论的应用 [J]. 中国环境管理干部学院学报，2008，(3)：47-48.
[67] 王利，宋欣茹．关于海岸带综合发展规划的若干问题——兼论庄河市海洋与海岸带协调发展规划内容设计 [J]. 海洋开发与管理，2008，(6)：116-120.
[68] 王忠君，王忠杰．海岸带旅游资源管制方法研究——以山东省海岸带旅游资源管制规划为例 [J]. 海洋开发与管理，2008，(02)：42-45.
[69] 杜国云，孙祝友，刘俊菊．海岸缓冲区规划管理与立法初探——以莱州湾东岸为例 [J]. 地质灾害与环境保护，2007，(3)：80-85.
[70] 宓泽锋，朱菲菲，曾刚．海岛地区海洋产业发展的合作创新网络演化——以舟山市定海区为例 [J]. 科技管理研究，2017，(7)：130-135.
[71] 俞兰芳，林琼．宁波海洋产业效率评价 [J]. 特区经济，2016，(12)：73-76.
[72] 林琼．浙江与沿海省份海洋渔业产业效率比较研究 [J]. 特区经济，2016，(12)：45-47.
[73] 王俊元，胡求光．浙江海洋优势产业选择及空间布局演化研究——以海洋渔业为例 [J]. 中国发展，2016，(02)：49-57.

[74] 王俊元，曹玲玲，胡求光．浙江海洋渔业产业链及其贡献度分析［J］．科技与经济，2016，（1）：57-61.

[75] 张岑，黄幼飞，熊德平．对外开放、金融发展与海洋产业集聚——基于 Panel Data 模型的省际差异分析［J］．科技与管理，2015，（4）：103-108.

[76] 张岑，熊德平．浙江省海洋产业结构变迁对区域经济增长的影响研究［J］．特区经济，2015，（4）：46-48.

[77] 朱利国，吴凯昱，谢曼露，等．中国沿海省份海洋产业集聚态势演进研究［J］．浙江农业科学，2015，（02）：167-171.

[78] 徐谅慧，李加林，马仁锋，等．浙江省海洋主导产业选择研究——基于国家海洋经济示范区建设视角［J］．华东经济管理，2014，（03）：12-15.

[79] 李平龙，胡求光．浙江省海洋战略性主导产业的选择及其价值链延伸研究［J］．农业经济问题，2013，（11）：103-109.

[80] 姜忆湄，李加林，马仁锋，等．基于多规合一的海岸带综合管控研究［J］．中国土地科学，2018，32（2）：34-39.

[81] 童兰，胡求光．海洋产业的评估分析及其发展路径研究——以宁波为例［J］．农业经济问题，2013，（01）：92-98.

[82] 马仁锋，李加林，杨晓平．浙江沿海市域海洋资源环境评价及对海洋产业优化启示［J］．浙江海洋学院学报（自然科学版），2012，（6）：536-541.

[83] 苏勇军．产业转型升级背景下浙江海洋文化产业发展研究［J］．中国发展，2012，（4）：28-33.

[84] 马仁锋，李加林，庄佩君，等．长江三角洲地区海洋产业竞争力评价［J］．长江流域资源与环境，2012，（8）：918-926.

[85] 胡王玉，马仁锋，汪玉君．2000 年以来浙江省海洋产业结构演化特征与态势［J］．云南地理环境研究，2012，（4）：7-13.

[86] 徐谅慧．浙江省海洋产业结构评析［J］．农村经济与科技，2012，（7）：109-111.

[87] 燕小青．海洋产业发展实证与对策研究——以浙江省为例［J］．青海社会科学，2011，（4）：32-35.

[88] 苏勇军．海洋影视业：浙江海洋文化与产业融合发展［J］．浙江社会科学，2011，（4）：95-99.

[89] 鲍展斌．象山县科学发展海洋文化产业的实践与思考［J］．宁波大学学报（人文科学版），2009，（3）：126-130.

[90] 郑凌燕．基于钻石模型的海洋旅游产业竞争力研究［J］．渔业经济研究，2007，（06）：13-18.

[91] 刘艳霞．国内外湾区经济发展研究与启示［J］．城市观察，2014，（03）：155-163.

[92] 国家发展改革委，外交部，商务部．推动共建丝绸之路经济带和 21 世纪海上丝绸

之路的愿景与行动 [N]. 人民日报，2015-03-29 (004).

[93] 国务院印发《关于深化泛珠三角区域合作的指导意见》[J]. 城市规划通讯，2016，(06)：6.

[94] 汤黎路，陈正兴，黄勇，等．“保护优先、有序开发”迫在眉睫——关于浙江省六大湾区保护与开发的调研报告 [J]. 浙江经济，2017，(06)：34-38.

[95] 李加林，刘永超．人工地貌学学科体系框架构建初探 [J]. 地理研究，2016，35 (12)：2203-2215.

[96] 叶梦姚，李加林，史小丽，等．1990—2015 年浙江省大陆岸线变迁与开发利用空间格局变化 [J]. 地理研究，2017，36 (06)：1159-1170.

[97] 王伟伟，王鹏，郑倩，等．辽宁省围填海海洋开发活动对海岸带生态环境的影响 [J]. 海洋环境科学，2010，29 (06)：927-929.

[98] Andersen J H, Halpern B S, Korpinen S, *et al*. Baltic Sea biodiversity status vs. cumulative human pressures [J]. *Estuarine Coastal & Shelf Science*, 2015, 161: 88-92.

[99] Murray C C, Agbayani S, Alidina H M, *et al*. Advancing marine cumulative effects mapping: An update in Canada's Pacific waters [J]. *Marine Policy*, 2015, 58: 71-77.

[100] 张丹丹，杨晓梅，苏奋振，等．基于 PVS 的海湾开发利用程度评价——以大亚湾为例 [J]. 自然资源学报，2009，24 (08)：1440-1449.

[101] 孙永光，赵冬至，高阳，等．海岸带人类活动强度遥感定量评估方法研究——以广西北海为例 [J]. 海洋环境科学，2014，33 (03)：407-411+424.

[102] 李延峰，宋秀贤，吴在兴，等．人类活动对海洋生态系统影响的空间量化评价——以莱州湾海域为例 [J]. 海洋与湖沼，2015，46 (01)：133-139.

[103] 马仁锋，李加林．支撑海洋经济转型的宁波海岸带多规合一困境与突破对策 [J]. 港口经济，2017 (8)：29-33.

[104] 慈溪市统计局，慈溪市统计学会编．慈溪统计年鉴 [J]. 宁波：宁波出版社，2005-2015.

[105] 刘永超，李加林，袁麒翔，等．人类活动对港湾岸线及景观变迁影响的比较研究——以中国象山港与美国坦帕湾为例 [J]. 地理学报，2016，71 (01)：86-103.

[106] 吕华庆．象山港海域环境评价与发展 [M]. 海洋出版社，2015.

[107] 中国海湾志编纂委员会．中国海湾志．第五分册，上海市和浙江省北部海湾 [M]. 海洋出版社，1998.

[108] 国家海洋局 908 专项办公室，国家海洋局．海岛海岸带卫星遥感调查技术规程 [M]. 海洋出版社，2005.

[109] 姚炎明，黄秀清．三门湾海洋环境容量及污染物总量控制研究 [M]. 海洋出版社，2015.

[110] 李猷，王仰麟，彭建，等. 深圳市1978年至2005年海岸线的动态演变分析［J］. 资源科学，2009，31（05）：875-883.

[111] 徐谅慧. 岸线开发影响下的浙江省海岸类型及景观演化研究［D］. 宁波大学，2015.

[112] 寇征. 海岸开发利用空间格局评价方法研究［D］. 大连海事大学，2013.

[113] 苏奋振. 海岸带遥感评估［M］. 科学出版社，2015.

[114] 史作琦，李加林，姜忆湄，等. 甬台温地区海岸带土地开发利用强度变化研究［J］. 宁波大学学报（理工版），2017，30（02）：83-89.

[115] 张海生. 浙江省海洋环境资源基本现状［M］. 海洋出版社，2013.

[116] 殷存毅. 区域发展与政策［M］. 社会科学文献出版社，2011.

[117] 浙江省海洋与渔业局. 浙江省海洋功能区划（修编）［G］. 2006.

[118] 马仁锋，候勃，窦思敏. 支撑宁波2049愿景的海岸海湾治理方略［J］. 决策咨询，2018，（4）：49-50.